패션 디자인 강의

KB190496

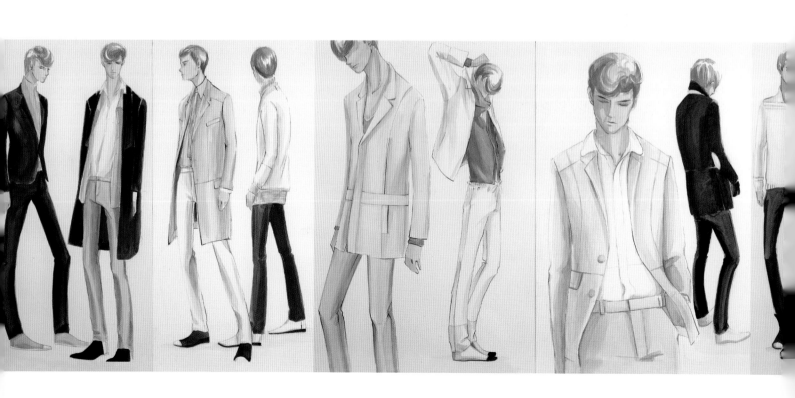

The Fashion Design Course

패션 디자인 강의

패션 디자이너를 위한 완벽 가이드북

스티븐 페름 | 조은형 옮김

BOOKERS

Fashion Design Course (3rd Edition)
Principles, practice and techniques: The ultimate guide
for the aspiring fashion designer
by Steven Faerm

패션 디자인 강의

초판 1쇄 발행 2025년 5월 15일

지은이 스티븐 페름
옮긴이 조은형

주간 이동은
편집 김주현
미술 임현아 김숙희
마케팅 사공성 성스레 장기석
제작 박장혁 전우석

발행처 북커스
발행인 정의선
이사 전수현

출판등록 2018년 5월 16일 제406-2018-000054호
주소 서울시 종로구 평창30길 10 (03004)
전화 02-394-2981~2(편집) 031-955-6980(마케팅)
팩스 031-955-6988

ISBN 979-11-90118-89-7 13590

• 값은 뒤표지에 있습니다.
• 파본이나 잘못된 책은 구입하신 서점에서 교환해 드립니다.

Contents

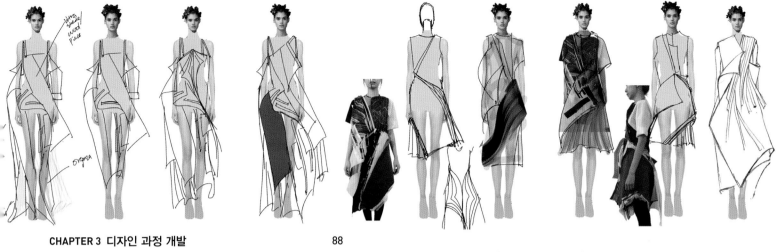

CHAPTER 1

시작하며

패션 디자이너로 성공하기 위해서는 다양한 핵심 원칙을 이해해야한다. 이 책에서 다룰 내용은 디자인의 다양한 방식, 양적 연구와 질적 연구를 진행하는 법, 디자인 과정에서 영감을 활용하는 법, 원단지식과 색 원리로 디자이너의 메시지를 강조하는 법, 디자이너 자신의 비전을 확장하는 법이다. 이러한 원칙을 체화하면 창의성을 발달시키고 성공적인 디자인이란 무엇인지 더 잘 이해할 수 있다. 이 책에서는 글로벌 패션 산업 전반에서 그 필요성이 계속해서 제기되는 지속 가능성을 특히 중점적으로 다루었다.

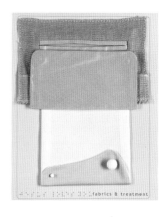

톤과 텍스처 ←

이 컬러 팔레트의 미묘한 톤조합은 겨울 스포츠웨어 그룹핑에서 텍스처의 중요성을 강조하고 있다. 그래픽 프린트를 유기적 형태 및 섬세한 텍스처와 나란히 배치하였다.

모델이 만들어낸 여백 ↓

인체 구성, 포인트 컬러의 전략적 배치, 재미난 여백이 이 프레젠테이션에 역동성을 불어넣었다. 해당 컬렉션의 무드와 인체의 포즈가 분명히 드러난다.

꼼꼼한 디테일 ↑

형태, 텍스처, 비율은 디자인에 있어 중요한 토대로서 이런 포켓 디테일을 통해서도 가장 기본적인 의복의 유행을 선도할 수 있다.

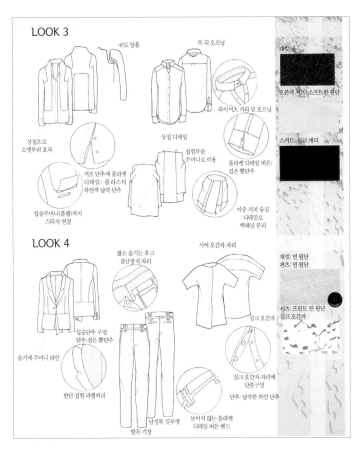

LOOK 3

45도 암홀

목 뒤 오프닝

재킷: 울

오픈넥 셔츠: 소프트한 원단

상침으로
소맷부리 효과

상침 디테일

와이셔츠 카라 밑 오프닝

접힘부를
주머니로 이용

스커트: 실크 캐디

키프 단추에 플라켓
디테일: 플라스틱
하얀색 납작 단추

플라켓 디테일 버튼:
검은 뺄단추

입술주머니(플랩)까지
스티치 연결

이중 지퍼 숨김
디테일로
백패널 분리

LOOK 4

짧은 솔기는 후크
잠금장치 자리

시어 오간자 자리

재킷: 면 원단
팬츠: 면 원단

셔츠: 프린트 면 원단
실크 오간자

입술단추 구멍
단추: 검은 뺄단추

실크 오간자

솔기에 주머니 라인

실크 오간자 자리에
단춧구멍

한단 접힘 라펠허리

단추: 납작한 하얀 단추

남성복 실루엣

발목 기장

보이지 않는 플라켓
디테일 버튼 밴드

효과적인 제작 ←

의복 제작의 원리를 잘 안다면 이 혁신적인 컬렉션에서 볼 수 있듯 이 디자이너는 전통적인 틀을 깰 수 있다.

패션 디자인의 역사를 배우고 패션 역사에 획을 그은 선구자들에 대해 알면 패션 세계에서 변화의 맥락, 패션의 진화와 혁명을 이해할 수 있다. 패션 브랜드와 소비자 정체성을 분석하면서 어떻게 컬렉션 디자인을 통해 충성 고객을 확보하고 획기적인 상품과 라벨을 내놓을 수 있는지 배울 것이다.

이 책의 핵심은 디자인의 기본 원리를 제시하고 이를 통해 여러분이 일할 때 필요한 필수 기초 지식과 기본 용어, 디자인 과정을 배우고, 쉽지 않은 과제를 수행함으로써 작품 제작 시 다양한 접근 방식을 이해하는 데 있다. 이런 과정에서 디자인의 새로운 방법을 습득하여 다양한 접근 방식, 그리고 최종적으로는 창의성의 기본 프레임에 대해 배울 것이다.

이 책에서 다양한 종류의 포트폴리오 프레젠테이션, 세련된 자기소개서 준비, 패션 디자인의 실무를 배우면서 얻을 수 있는 수많은 일자리에 대해 논의하면서 완벽하게 준비하여 프로의 세계로 나갈 수 있도록 도울 것이다.

또한 선두에 있는 업계 대표들과의 인터뷰를 수록하여 관련 직업에 대한 정보와 오늘날 빠르게 변화하는 세계에서 살아남을 수 있는 디자이너로서 갖추어야 할 자질과 역량에 대해 배울 것이다.

퍼스널 터치 ↑

패션 디자이너는 자신만의 직물을 개발하고 새로운 실험을 통해 의복을 혁신하고 패션을 발전시킨다. 이 직물은 거즈와 가공한 실크 새틴 패널에 캐시미어 펠트 아플리케를 작업한 것으로 전통적인 직물과 의복 실루엣이 현대적으로 탈바꿈했다.

UNIT 1

패션 디자이너가 된다는 것

훌륭한 패션 디자인이란 무엇일까? 디자이너들은 어떻게 소비자의 욕구를 자극하고 패션 디자인의 콘텍스트를 확장시키며 더 나아가 우리의 문화에 한 획을 긋는 작품을 만드는 것일까?

디자이너가 디자인에 접근하는 방식은 매우 개별적이지만 그들 모두 동일한 패션 디자인의 원리를 따르고 있다. 문화적, 사회적 현상에 대해 적극적으로 참여하는 창의적인 개인으로서 디자이너는 종종 육감을 통해 사람들이 다가올 시즌에 무엇을 입고 싶어할지 예측한다. 그들은 세상의 역사적, 문화적, 사회적, 정치적, 경제적 변화를 잘 이해하고 있으며 마치 인류학자처럼 대중문화를 살펴본다. 이런 문화에 대한 지속적인 관심과 연구 결과를 해석하는 능력을 통해서 디자이너는 어떤 컬러가 인기를 얻고 어떤 실루엣과 무드가 유행할지, 어떤 식으로 소비 경험이 진화할지, 사람들이 패션에서 무엇을 원하는지 그리고 어떤 결정을 할 때 그 계기가 무엇인지, 어떤 소비자 행동이 일어나는지에 대해 의식적으로든 무의식적으로든 예측할 수 있는 것이다.

성공적인 디자이너는 매 시즌마다 주 타깃 소비자층을 염두에 두면서도 시대의 흐름과 문화의 분위기에 발맞추고자 민감하게 움직인다. 디자이너의 고객과 그들의 라이프 스타일은 항상 컬렉션의 지향점이 된다.

디자인의 시작 →

이런 극단적이고 개념적인 형태를 시작으로 웨어러블하고 상품화할 수 있는 컬렉션의 단단한 토대가 만들어진다. 컬렉션을 디자인할 때는 여러분의 콘셉트를 가장 극단적으로 표현하는 것부터 시작해보길 권한다. 이들 룩은 모두 웨어러블한 아이템으로 변형시킬 수 있다.

» **집중하기** 일관된 방향을 유지하는 것이 관건이다. 디자인은 반드시 새로운 디자인이어야 할 필요는 없지만 그 방향성은 새로워야 한다.

» **올라운드 플레이어되기** 패션 산업에 종사하는 디자이너는 오늘날 유의미한 것과 변화하는 미의 기준에 걸맞은 것을 창조할 수 있어야 할 뿐 아니라 소비자의 라이프 스타일과 동기를 이해할 수 있어야 한다.

» **균형 유지하기** 시장의 니즈에 귀를 기울이면서도 예술가로서의 본분도 잊지 말아야 한다. 디자이너는 은둔자로서 작업할 수 없고 시장의 방향을 알아야 한다. 하지만 본인의 아이덴티티를 잃지 않아야 하며 고객의 충성도를 유지할 수 있어야 한다.

» **능력 키우기** 어떤 테크닉이 가장 효과적일지, 디자인과 용어에 대해 폭넓게 알아야 문제를 해결하는 데 도움이 된다. 디자인이란 어떤 단계에서는 문제를 해결하는 것이다.

» **신기술에 관심 두기** 종종 다른 목적으로 개발된 새로운 소재나 생산 방식을 패션 산업에 맞게 사용하여 디자인에서 새로운 콘텍스트와 혁신을 만든다.

» **시대에 발맞추기** 역사, 문화, 사회, 정치, 경제에 관한 통찰을 통해 작업에 콘텐츠와 콘텍스트를 충분히 담는다.

» **창의적으로 근육 사용하기** 컬렉션을 준비할 때 다른 방식을 탐구해본다. 다른 영감, 다른 소재, 콘텍스트를 녹여내는 법, 심지어 고객의 정의에 대해서도 새롭게 접근해본다.

» **곁눈질하지 않기** 항상 남의 디자인을 따라 하지 않도록 신경 쓴다. 혁신적인 디자인, 세상에 새로운 것을 선보이고자 하는 자세를 갖는다.

패션이란 무엇인가?
옷이란 무엇인가?

패션과 옷은 같은 대상을 지칭하는 것처럼 보이지만 실제로는 전혀 다른 함의를 갖는다. 패션과 옷을 제대로 이해했을 때 여러분은 독창적인 아이디어를 낼 수 있고 비전을 구체화하며 창의성도 발전시킬 수 있다. 그 아이디어는 기존의 규칙과 패션 디자인의 정의에 대한 인식을 바꿀 수도 있다.

패션은
- 동경의 대상
- 환상
- 미래
- 풍부한 콘텐츠
- 맥락의 산물
- 순수함
- 메시지
- 혁신
- 도전
- 새로움
- 독특함
- 스토리텔링
- 예술
- 디자인의 진보

옷은
- 몰개성
- 균질함
- 포괄적
- 모호한 정체성
- 따분함
- 평범함
- 비일관성
- 진부함
- 상품
- 검열
- 단조로움
- 무색무취

디자인 순수성 ↑

성공적인 패션은 디자이너의 메시지가 결코 약하게 전달되는 법이 없다. 이 컬렉션은 마사지하는 손의 움직임에서 영감을 받았으며 손의 움직임과 압력이라는 아이디어를 포착할 수 있는 형태와 재료를 사용했다.

미래를 깨우다 →

이 컬렉션은 디지털 프린팅, 자수, 비즈, 핸드 페인팅을 섞어서 사용하여 확실하게 개성과 혁신을 보여주고 있다. 전통적인 기법을 배우고 이해하는 것이 중요하지만 동시에 새로운 방식으로 접근하여 재탄생시키는 것도 중요하다.

작은 디테일도 놓치지 않는다 →

디자인의 마지막 단계에서는 고도의 전문성이 필수다. 옷의 피팅, 디테일, 비율, 디자인 연관성 등이 최종 컨펌이 되기 전 스케치에서 디테일하게 명시되어 있어야 한다.

패션 디자이너의 일

대부분 디자이너들이 정기적으로 하는 범주의 일이 있다. 디자이너가 직접 그 업무에 관여하지는 않아도 감독은 해야 한다.

　디자이너는 디자인에 영감을 투영하여 생산에 이르기까지 매 시즌 컬렉션 디자인의 최종 책임자이다. 디자이너가 디자인 보조, 원단 디자이너, 개발자, 패턴사, 컴퓨터 디자인 전문가, 테크니컬 디자이너의 도움을 받는다고는 해도 디자이너는 그 팀의 총괄 책임자로서 시간표대로 진행될 수 있도록 감독해야만 한다.

선생님의 선생님 ←

디자이너는 오래도록 사랑받고 세계적으로 인정받는 브랜드를 만들고 싶어 한다. 45년이 넘는 세월을 디자인에 바친 요지 야마모토처럼 말이다.

아이디어 개발하기 ↑

디자인 수첩은 모든 디자인 작업의 초석이 된다. 스케치하면서 아이디어를 고안하고 여러 가지 디자인을 직접 해보면서 상품을 기획한다.

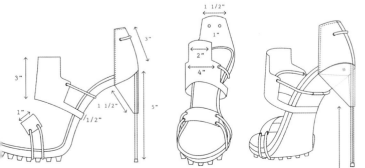

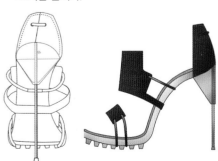

주요 업무

» **리서치 실행** 컬렉션을 위한 무드를 정하고 시각 참고 자료를 모은다.

» **트렌드 분석** 디자인에 최신 트렌드를 곧바로 반영하고 현장에서도 놓치지 않도록 한다.

» **무드/컨셉트 보드 제작** 조사한 자료들을 정리해서 방향을 정하고 바이어와 언론으로부터 피드백을 받는다.

» **원단 소싱** 국내외 원단 박람회는 원단 소싱을 위한 귀중한 기회다. 원단 업체들과 교류를 통해 샘플 스와치와 원단을 주문한다.

» **원단 공부** 드레이프, 작업성, 원단 기능성, 심미성, 가격, 제작에 주는 효과, 최소 원단 사용량 같은 요인들에 대해 공부한다.

» **디자인 조율** 인쇄 업체, 디자인팀과 협업하여 텍스타일 프린트 디자인, 그래픽, 컬러 개발을 한다.

» **제품 상태 체크** 기준 컬러를 정하고, 원단 염색과 프린트 개발 전에 실험실에서 샘플 컬러를 테스트한다.

» **컬렉션 개발** 디자인, 실루엣, 룩을 스케치하고 패턴사, 입체 패턴사, 머천다이저(MD), 제작팀이 이 스케치를 즉각 이해할 수 있도록 해야 한다.

» **시제품 개발** 샘플실과 작업한다. 패턴 제작, 입체 패턴 제작에 도움이 될 수 있다.

» **장식 소싱과 선택** 디자이너는 장식을 적절하게 디자인할 수도 있다.

» **상품 기획** 각 시즌에 트렌드 분석에 기초해 진행한다.

» **상세 정보 제공** 스케치와 글이 있는 작업지시서에는 공정과 특별한 디테일에 대한 모든 것이 분명히 설명되어 있고 세밀한 치수도 적혀 있다.

» **제품 모델 피팅** 피팅 작업을 통해서 몸에 잘 맞는지, 비율은 적당한지 빠르고 정확하게 피드백을 준다.

» **제작팀과 커뮤니케이션** 공장이나 업체에 방문해서 컬렉션 라인이 제대로 진행되는지 감독하고 품질 체크도 한다. 최신 기술을 적용하는 것은 디자인에 많은 영향을 줄 수 있다.

» **제품 확인** 시제품, 샘플, 제작이 작업지시서대로 제작되었는지 확인한다.

» **비용 책정** 원자재와 부자재에 대한 시장 가격을 파악한다. 마진(마크업)과 수익에 대해 기본 지식이 있어야 한다.

» **컬렉션 발표** 영업팀, 임원, 바이어, 언론 앞에서 컬렉션을 선보인다.

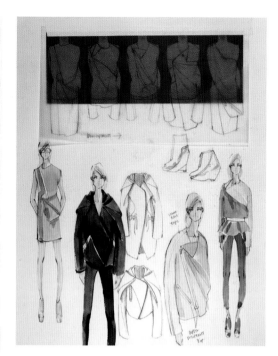

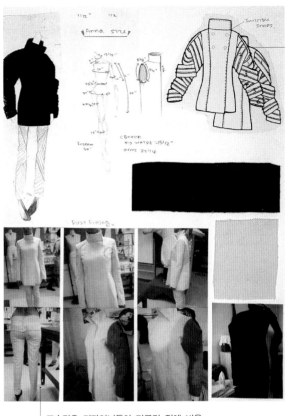

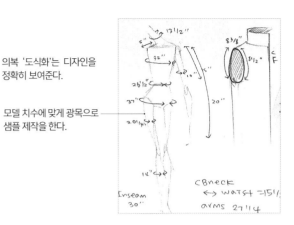

의복 '도식화'는 디자인을 정확히 보여준다.

모델 치수에 맞게 광목으로 샘플 제작을 한다.

모슬린은 디자이너들이 마무리 전에 비율, 핏, 형태를 테스트할 수 있게 한다.

최종 확인을 위해 특정 니트 스티치 기법을 제공한다.

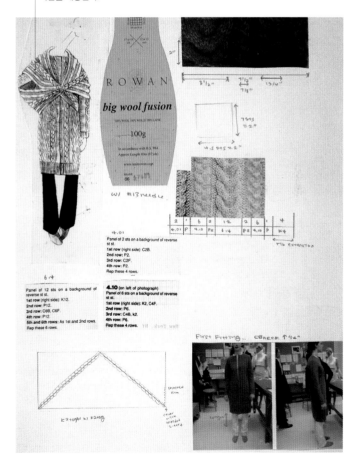

디자인 통합: 2D/3D ←

2D와 3D 디자인을 이용해 종이와 모형에서 사용할 수 있어야 한다. 스케치로는 한 가지 접근 방식과 사고 과정만을 제공하지만 원단을 재단하다 보면 스케치로는 몰랐던 새로운 발견을 우연히 하기도 한다.

이것저것 시험해보는 디자이너들 ↑→

디자인이란 단순히 아이디어를 내서 스케치하는 것이 아니다. 디자인 개발에서 최종 선택을 결정하는 과정, 디자인 아이디어를 실험하고 다듬을 때 진행되는 기술적인 공정에 이르기까지 디자이너는 원하는 대로 컬렉션을 완성하기 위해 마지막까지 비판적으로 분석한다.

UNIT 2

패션 역사에 한 획을 그은 디자이너들

| 1910 | 1920 | 1930 | 1940 | 1950 | 1960 | 1970 | 1980 | 1990 | 2000 | 2010+ |

찰스 프레데릭 워스 Charles Frederick Worth 19세기 후반

찰스 프레데릭 워스는 '쿠튀르*의 아버지'로 알려져 있다. 워스는 의복 제작의 관행을 혁신시켰다. 트렌드를 선도했으며 프랑스의 그 유명한 조제핀 황후를 비롯한 부유층 고객들에게 새로운 룩을 제시했다. 워스는 패션쇼를 최초로 열었으며 인하우스 모델의 개념을 만든 사람이다.

* Couture, 고급 맞춤복을 뜻한다

잔느 랑방 Jeanne Lanvin 1920년대

랑방은 모자 디자이너로 일을 시작했다가 아동복으로 방향을 바꿨다. 하지만 여성 고객들에게 긍정적인 반응을 얻으면서 여성복에 열중했다. 젊은 감성이 충만하고 다양한 컬러 팔레트를 지속적으로 사용했다. 하우스 오브 랑방은 2001년부터 2015년까지 아트 디렉터였던 알버 엘바즈 아래서 세계적인 명성을 되찾았다.

마들렌 비오네 Madeleine Vionnet 1920년대~1930년대

마들렌 비오네는 의복 제작의 기술적인 측면에 상당히 공이 크다. 바이어스 컷을 이용한 작품으로 유명한 비오네는 건강하고 날씬한 신체를 새롭게 강조하는 디자인의 드레스를 만들었다. 그녀는 옷을 제작할 때 평면 패턴이 아니라 인체에 원단을 대고 재단하는 입체 패턴에 중심을 두면서 우아하고 유려한 의복이라는 혁신을 이뤄냈다.

폴 푸아레 Paul Poiret 1910년대

푸아레는 코르셋이 필요 없고 새 시대, 특히 오리엔탈리즘 패션*을 여는 창의적인 시대 정신을 담은 드레스를 대중화시켰다. 푸아레는 쿠튀르 컬렉션의 성공을 확장해 화장품, 액세서리, 심지어 인테리어 디자인 관련 제품을 선보였다.

* 20세기 초 동양과 중동의 영향을 받은 패션 트렌드

마리아노 포르투니 Mariano Fortuny 1910년대

진정으로 다재다능했던 포르투니는 부지런한 장인이었다. 원단, 옷, 인테리어 디자인, 장식 예술, 조각, 회화 등 여러 분야를 다뤘다. 포르투니가 패션에 끼친 가장 눈에 띄는 영향력은 그리스 시대에서 영감을 받은 주름 잡힌 실크 드레스다. 여배우와 부유한 고객들이 매우 아름다운 핸드 페인팅의 실크와 벨벳 소재의 코쿤 코트와 함께 입었다.

폴 푸아레와 그의 작품. 폴 푸아레의 패션은 밝고 재미있고 이국적이었다.

엘사 스키아파렐리 Elsa Schiaparelli 1920년대~1930년대

정식 교육을 받지 않았던 스키아파렐리는 패션의 규칙을 깨면서 대담하고도 몽환적인 옷과 액세서리를 만들어냈다. 스키아파렐리의 유머가 담긴 예술적인 패션에 대중은 열광했고, 살바도르 달리, 크리스찬 베라드, 장 콕토와 교류하며 영감을 받았다. 시그니처가 된 하이힐 모자와 한쪽에 커다란 가재를 그린 우아한 드레스는 당시 초현실주의 사조를 반영했다.

가브리엘 샤넬 Gabrielle Chanel 1920년대~1960년대

가브리엘 코코 샤넬은 1920년대의 유행을 탈바꿈시켰다. 화려하고 장식이 많은 의복에서 날렵하고 장식이 없는 현대적인 룩을 창조하였다. 1920~1930년대에 성공을 거둔 하우스 오브 샤넬은 제2차 세계대전 당시 문을 닫았다. 1954년 70세의 나이에 샤넬은 패션계로 돌아왔고 1950~1960년대의 직장 여성들을 위한 편안한 실루엣을 새로 선보였다.

펜디 Fendi 1920년대~현재

원래 가족 소유의 모피 회사였던 펜디는 이탈리아 명품 패션의 상징이 되었다. 칼 라거펠트가 1967년부터 사망하기 전까지 펜디를 맡았고 다양한 종류의 모피뿐 아니라 기성복까지도 분야를 확장하였다. 2020년 영국 디자이너 킴 존스가 아트 디렉트로 바톤을 이어받았다.

크리스토발 발렌시아가 Cristóbal Balenciaga
1940년대~1950년대

발렌시아가는 정확한 재단과 패턴의 마스터였다. 인체 위에 부드럽고 우아하게 입체적으로 옷을 제작했다. 그는 실크 가자나 실크 오토만처럼 전통적으로 사용하지 않던 원단을 사용 혹은 개발해서 딱딱한 뼈대 없이도 조형적인 룩을 선보였다. 스페인 출생의 발렌시아가는 1950년대 파리에 로맨틱한 스페인의 감성을 가져오면서 레이스, 볼레로, 빨간색과 검은색을 대중화시켰다.

위베르 드 지방시 Hubert de Givenchy 1950년대~1960년대

지방시와 오드리 헵번의 우정 때문에 이 프랑스 디자이너의 재능과 중요성이 가려지곤 한다. 지방시가 그의 유명한 뮤즈를 위해 우아하고 놀라우리만치 시크한 의상을 제작한 것은 자연스러운 일이었다. 지방시는 기발한 장식이나 디테일을 더한 깔끔하고 간결한 옷을 제작하는 것으로 유명했다.

마담 그레 Madame Grès 1930년대

알릭스 그레의 첫사랑은 조각이었다. 이는 그녀가 제작한 조각 같은 드레스에서 드러난다. 1936년 실크 저지를 사용하기 시작했는데 이전에는 이브닝웨어에 사용된 적이 없었다. 북아프리카, 이집트, 인도 여행에서 영감을 얻어 서양의 고객들을 위한 아름다운 드레스를 만들었다.

크리스티앙 디오르가 1953년 컬렉션에서 새로운 치마단을 선보이고 있다. 덕분에 여성들은 움직일 때 훨씬 편해졌다.

피에르 가르뎅 Pierre Cardin 1950년대~1960년대

가르뎅은 1960년대에 우주 시대 느낌의 룩과 대규모의 라이선스 사업으로 유명하다. 그는 최초로 오트 쿠튀르 의상 조합을 탈퇴하고 기성복 디자인에 뛰어든 프랑스 디자이너다. 그 뒤 남성복, 아동복으로 확장했다. 오늘날 많은 디자이너들이 그렇게 한다.

클레어 맥카델 Claire McCardell 1940년대~1950년대

아메리칸 스포츠웨어의 발전에 중추적인 역할을 한 디자이너. 제2차 세계대전 중 프랑스가 고립된 상황에서 미국은 패션 디자이너들이 영향력을 발휘할 기회를 처음으로 맞았다. 맥카델은 믹스앤매치 투피스에 근거해 입기 쉬운 실용적인 의복을 개발했다. 모나스틱 원피스 * 팝오버 드레스 ** 레오타드로 잘 알려져 있다.

* Monastic dress, 다트나 실루엣 없는 통짜형 원피스로 벨트를 묶으면 인체 곡선이 드러난다.

** Pop-over dress, 랩 원피스

크리스티앙 디오르 Christian Dior 1940년대~1950년대

1947년 디오르는 전쟁에 지친 파리의 고객들에게 코롤라 컬렉션을 선보이며 새 시대를 열었다. 갑작스레 패션의 관심은 잘록한 허리, 날씬한 어깨, 원단을 몇 야드나 사용하는 풀 스커트로 집중되었다. 디오르는 시즌을 거듭하며 여성스럽고 우아한 룩의 정의를 내리며 영향력을 펼친 뉴룩을 소개했다. 1957년 갑작스럽게 사망하며 그의 커리어는 아주 짧게 막을 내렸다.

에밀리오 푸치 Emilio Pucci 1950년대~1960년대

이탈리아의 귀족 태생인 푸치는 스스로 스키복을 디자인하며 패션계에 발을 디뎠다. 1950년대에는 세계에 여성을 위한 편안한 데이웨어인 카프리 팬츠를 소개했다. 푸치는 독특하고 쉽게 눈에 띄는 기하학적이며 유기적인 형태의 컬러풀한 실크 프린트로 잘 알려져 있다.

노먼 노렐 Norman Norell 1940년대~1950년대

노렐은 제2차 세계대전 당시 프랑스가 미국과 교류가 끊겼던 시기 유명세를 얻었다. 그는 비싼 원단으로 입기 편한 실루엣의 아메리칸 룩을 만든 의복을 개발했으며 특히 스팽글로 덮인 '머메이드 드레스'로 유명하다. 노렐은 수십 년간 업계에서 영향력을 지속하며 미국 패션 산업을 대표하는 인물이 되었다.

찰스 제임스 Charles James 1950년대

제임스는 공학과 구조를 이용한 이브닝웨어 드레스를 만들었다. 그가 만든 야회복은 편안하면서도 몸에 대고 재단한 듯 딱 맞는 완벽한 형태였다. 안타깝게도 제임스는 성격 탓에 일을 그만둬야 했고 옷으로 이룬 성취보다 더 입에 오르내렸다.

앤 클라인 Anne Klein 1950년대~1970년대

가장 뉴요커다운 디자이너 앤 클라인은 젊은 직장 여성들의 니즈에 맞춘 편안하고, 입기 편한 믹스앤매치 룩을 선보이며 오래 사랑받았다. 그녀는 상점 안에 부티크를 열었던 최초의 디자이너였다. 오늘날에는 흔한, 대형 백화점 한 층에 특별히 할애된 한 섹션에서 그녀의 제품이 판매되었다.

1940 **1950**

이브 생 로랑 Yve Saint Laurent 1950년대~1980년대

생 로랑만큼 20세기 후반부의 돈키호테 같은 분위기를 포착한 디자이너는 없을 것이다. 디자이너로서 생 로랑은 사회 안에서 변해가는 여성들의 사고방식과 지위를 잘 그려냈다. 1960년대 여성에게 바지 정장을 제시했고 하이 패션에서도 실용적인 의상을 선보였다. 다양한 에스닉풍의 디자인에 대한 관심을 불러일으켰던 생 로랑은 항상 새로운 패션으로 유행을 선도하였다.

파코 라반 Paco Rabanne 1960년대

파코 라반의 작품은 건축, 우주 시대, 보석 제조 기술에 큰 영향을 받았다. 금속 체인과 플라스틱 디스크로 연결된 그의 작품은 자체로 아이콘이다. 독특하고 흔히 사용하지 않는 재료를 다루는 남다른 재능은 많은 디자이너에게 영향을 미쳤다.

오시 클라크는 현대적인 소비자들이 원했던, 본인들의 형성기를 넘어선 패션을 계속해서 만들었다.

보니 캐신 Bonnie Cashin 1960년대~1970년대

캐신은 자유로운 영혼의 소유자였지만 활동적인 라이프 스타일을 가진 여성을 위한 옷을 만들었던 영향력 있는 디자이너였다. 캐신의 시그니처 디자인은 품이 넉넉하고 레이어드된 룩으로 움직이기 쉽고 편안하면서도 매력적인 실루엣이다. 어울리는 액세서리와 함께 연출하면 룩이 완성되었다. 또한 울 소재 원단에 토글 잠금 단추와 가죽 테두리를 다는 것으로도 유명했다.

오시 클라크 Ossie Clark 1960년대~1970년대

전위예술로 유명했던 런던 첼시에서 활동한 클라크는 아내가 자주 디자인했던 화려하고 컬러풀한 패턴 프린트로 재미있고 기발한 옷을 만들었다. 그는 1930년대 바이어스 컷으로 재단해 흐르는 느낌의 드레스에서 영향을 받았으며 그가 해석한 의상은 주요 트렌드로 자리매김하였다. 클라크는 믹 재거와 그의 여성 팬들을 위한 옷뿐 아니라 당시 다른 유명 락스타의 옷도 제작했다.

앙드레 쿠레주 André Courrèges 1960년대

쿠레주는 깔끔하고 기하학적이며 미래적인 의상을 선보이면서 당시 전 세대가 우주 시대에 관련된 모든 것에 열광했던 분위기를 표현한다. 메리 퀀트와 쿠레주 모두 미니스커트를 창시했다고 주장하지만 각각 디자이너의 미학은 독특하다. 건축가로 일했고 발렌시아가 밑에서 배웠던 쿠레주의 경험이 엄격한 컬러 선정과 현대적인 비율에서 드러난다.

루디 게른라이히 Rudi Gernreich 1960년대

젊은 시절 배웠던 현대 무용과 1960년대 벌어진 성 혁명은 게른라이히의 디자인에 깊게 영향을 미쳤다. 입어서 움직이기 편하고 과장된 형태의 옷을 만드는 데 중점을 두었지만 개방된 성 문화와 자유에 더 방점을 두었다. 또한 나이, 미래주의, 성평등, 이상화된 미에 대한 정치적이며 개인적인 의견을 주고받는 일에 흥미를 가졌다.

발렌티노 Valentino 1960년대~2000년대 초

많은 여성들에게 있어 발렌티노란 20세기 후반부에 정제된 우아함의 표본이다. 여배우, 저명인사들은 그의 화려한 드레스, 특히 그의 시그니처인 빨간색 드레스를 입고 시상식이나 자선 모임에 참가하곤 했다.

메리 퀀트 Mary Quant 1960년대

1960년대 '유스퀘이크'[*]로 알려진 청년 문화에서 가장 먼저 연상되는 디자이너다. 제2차 세계대전 종전 후 젊은 여성들이 엄마처럼 보이고 싶어 하지 않는 점을 이해했던 퀀트는 미니스커트(프랑스의 앙드레 쿠레주도 선보임), 고고 부츠, 플랫 슈즈, 스타킹, 그래픽 프린트를 선보였으며 비달 사순의 바가지 숏컷 헤어를 대중화시키기도 했다.

[*] Youth(청년)과 earthquake(지진)의 합성어로 60~70년대에 체제에 저항했던 세대

조르지오 디 산탄젤로 Giorgio de Sant'Angelo
1960년대~1970년대

산탄젤로는 그의 알록달록한 주얼리를 눈여겨본 다이애나 브릴랜드(1960년대 《보그》의 영향력 있는 패션 에디터)의 소개로 패션에 입문했다. 산탄젤로는 1960년대 초 《보그》에서 스타일링을 담당했고 1966년 첫 컬렉션을 열었다. 에스닉하고 이국적인 분위기에 중점을 두고 성 혁명에 영향을 받은 독특한 작품으로 집시 룩을 선보였고 아메리카 원주민의 영향을 받았다.

칼 라거펠트 Karl Lagerfeld 1960년대~2010년대 후반

왕성하게 활동했던 직관적인 디자이너 칼 라거펠트의 영향력은 패션 산업 전반에 고루 미쳤다. 그 천재성은 스타일의 조합과 가능성에 대한 이해를 진짜 포스트모던으로 풀어냈을 때 드러났다. 하우스 오브 샤넬과 그의 관계는 아주 잘 알려져 있다. 샤넬의 트레이드마크였던 시그니처 아이템들을 스트리트 패션, 젊은 감성과 조합하여 생기를 불어넣음으로써 재탄생시켰다.

홀스턴 Halston 1970년대

1970년대 홀스턴은 미국 스포츠웨어에 엄청난 영향을 끼쳤다. 그의 옷은 어떤 체형도 소화할 수 있는, 단순하면서도 돋보이는 옷이었다. 주로 단색이었으며 고급 원단을 사용한 길쭉하고 날씬한 실루엣이었다. 홀스턴은 다양한 유명 인사들과 친분을 활용했고 유명한 디스코 클럽이었던 스튜디오54의 파티에 자주 참석하여 아이콘이자 셀럽으로서의 위치를 공고히 했다.

빌 블라스 Bill Blass 1970년대~1980년대

미국의 대표적인 디자이너인 빌 블라스는 날씬한 세련미와 우아한 품위를 드러낸 아메리칸 룩의 탄생에 일조하였다. 블라스는 다양한 라인의 의복을 전개했고 다양한 라이프 스타일을 지닌 여성들의 니즈에 맞춰 라이선스 사업도 하였다.

미쏘니 Missoni 1970년대~1980년대

미쏘니 니트의 독특한 패턴과 색은 독보적이었기에 미쏘니는 쉽게 인지도를 올리고 인기를 끌었다. 입기 좋고 기교로 충만한 컬렉션은 여성들이 찾던 니즈를 충족시켰다. 직장 여성들이 입기에 기능적이면서도 눈에 띄는 옷이었다.

스티븐 버로우스 Stephen Burrows 1970년대

버로우스는 컬러풀한 그래픽 패턴과 주로 실크 시폰과 무광의 저지 원단으로 만든 부드럽고 몸에 딱 맞는 형태의 옷으로 잘 알려져 있다. 그는 비대칭 원피스를 자주 디자인했고 단을 '양상추 밑단'처럼 마감하기도 했다.

엠마누엘 웅가로 Emanuel Ungaro 1970년대~1980년대

웅가로는 완전히 새로운 방식으로 패턴과 컬러를 조합하여 새롭게 프린트를 다루는 것으로 잘 알려져 있다. 그의 옷은 언제나 여성적이고 우아했으나 다양한 컬러, 질감, 프린트를 통해 재미를 주기도 했다.

겐조 다카다 Kenzo Takada 1970년대~1980년대

파리로 이주했던 일본 디자이너 1세대. 겐조는 1970년대 프랑스 패션에 신선한 감각을 불러일으켰던 초기 디자이너다. 그는 재미있는 실루엣과 패턴, 프린트, 과감한 컬러를 독창적으로 조합한 디자인으로 유명하다.

> 아시아와 서양 문화에서 모두 영향을 받고 이를 조합한 겐조는 1970년대 패션의 스타였다.

제프리 빈 Geoffrey Beene 1970년대~1980년대

빈은 미국의 패션업계에서 혁신가이자 반항아였다. 의대생이었던 빈은 항상 형태의 3차원적 성질과 형태가 어떻게 여성의 인체를 휘감는지에 대해 주목했다. 빈의 작품은 전통적으로 사용하지 않는 원단을 사용해서 기하학적 형태, 모티프로 사용하는 삼각형, 인체 부위를 드러내기 위한 양각/음각의 형태를 만드는 것이 특징이다.

1988년 10월 26일 파리에서 열린 에이즈 기금 모음 파티에 참석한 디자이너 패트릭 켈리.

페리 엘리스 Perry Ellis 1970년대~1980년대

머천다이저로 시작한 엘리스는 패션에서 마케팅과 소매 부문이 얼마나 중요한지 잘 알고 있었다. 점점 더 많은 여성들이 직장 생활을 하면서 일상적으로 입을 수 있는 믹스앤매치 옷을 디자인했던 페리 엘리스는 정통 아메리칸 디자인 발전에 핵심적인 역할을 했던 디자이너였다.

패트릭 켈리 Patrick Kelly 1970년대~1980년대 후반

미국 미시시피 출신인 켈리는 소니아 리키엘의 일부 지원을 받아 파리의 권위 있는 프레타포르테 조합에 가입한 최초의 미국인 디자이너다. 단추, 리본, 과감한 그래픽, 밝은 색채, 하트 모양, 다양한 팝 컬처를 차용하여 장난기 넘치고 재미있으며 기발한 분위기의 디자인을 했다.

1970

윌리 스미스 Willi Smith 1970년대~1980년대 후반

많은 면에서 패션을 대중화시킨 개척자로 알려진 윌리 스미스와 저렴한 가격대의 브랜드 윌리웨어는 인도에서 수입한 천연 원단을 사용했다. 그의 작품은 남녀 구분 없는 (젠더리스) 의류를 선도했다는 점에서 의미 깊다. 스미스는 다수의 상을 수상했으며 자기 몸 긍정주의에 바탕을 둔, 쉽게 구할 수 있고 편안한 옷으로 많은 팬이 생겼다.

조르지오 아르마니 Giorgio Armani 1970년대~현재

아르마니는 1974년 남성복 디자이너로 시작했으며 이듬해 여성복 컬렉션도 시작했다. 부드러운 테일러링으로 잘 알려진 아르마니의 수트는 1980년대의 파워드레싱* 열풍과 함께 큰 인기를 끌었다. 수트는 그의 비즈니스에서 여전히 중심이며 레드 카펫에 서는 할리우드의 유명한 남녀 영화배우들과 좋은 관계를 유지하고 있다.

* Power dressing, 권위적이고 전문적인 느낌의 스타일링

에트로 Etro 1970년대~현재

에트로는 원래 텍스타일 디자인 회사였으나 1968년 제롤라모 에트로에 의해 패션 하우스로 창립되었다. 오늘날에도 가족 경영회사로서 옷, 액세서리, 홈퍼니싱, 향수까지 다양한 제품을 생산한다. 에트로는 실크를 비롯한 고급 원단에 진하고 선명한 컬러의 프린트와 자수를 섞어 사용한 입기 편한 옷의 실루엣으로 유명하다.

이세이 미야케 Issey Miyake 1970년대~1990년대

미야케는 무심하게 입으면서 매력적일 수 있는 옷에서 예술과 패션을 접목했다. 미야케의 작품은 조형적 형태에 대한 그의 관심과 동서양 미학, 혁신적인 원단 실험을 결합시킨 것이다. 미야케는 '플리츠플리즈(Pleats Please)'와 'APOC(A Piece of Cloth)' 라인의 조형적인 플리츠(주름) 시스템에서 제작된 작품으로 가장 유명하다.

비비안 웨스트우드 Vivienne Westwood 1970년대~현재

비비안 웨스트우드는 디자이너로서 오랜 시간 동안 대중문화, 역사주의, 타깃으로 삼은 강하고 독립적인 여성에서 영감을 받았다. 그녀는 1970년대 자신의 브랜드로 숍을 열면서 경력을 시작했다. 로맨틱한 해적, 18~19세기의 귀족, 과격한 환경운동가 같은 테마로 디자인하면서 자신만만하고 섹시한 여성을 강조하는 것을 멈추지 않았다.

노마 카말리 Norma Kamali 1970년대~현재

패션 일러스트레이터로 일을 시작한 카말리는 침낭을 재활용해 수영복과 코트를 디자인했으며 1980년대 여성복에 넓은 어깨 패드를 적극적으로 디자인에 적용했다. 카말리의 더 중요한 업적은 아마도 액티브웨어와 애슬러저 룩의 전신이라고 할 수 있는 맨투맨 컬렉션을 도입했다는 점이다.

캘빈 클라인 Calvin Klein 1970년대~1990년대

능력 있는 사업가이자 마케터인 캘빈 클라인은 완전히 새로운 방식으로 광고와 다수의 시장에 접근하며 뉴욕 패션 업계를 한층 더 진보시켰다. 그는 다양한 수위의 누드와 원초적인 성을 보여주는 광고로 논란을 일으켰다. 정통 아메리칸 클래식 디자인은 화려하고 신비스러운 마케팅 캠페인으로 한층 더 업그레이드되었다.

파타고니아 Patagonia 1970년대~현재

파타고니아의 창업자 이본 쉬나드는 암벽 등반가로, 암벽 등반용품점으로 시작했다. 얼마 지나지 않아 다양한 아웃도어 장비, 액세서리, 의류 판매로 확장했다. 공급망 아래서 지속 가능성과 투명성에 중심을 두는 것으로 잘 알려져 있다. 파타고니아는 수선 서비스, 중고 의류 교환 등을 제공하며 소비자들은 현명한 소비를 통해 소비율을 낮출 수 있었다.

비비안 웨스트우드는 시대적 의상에서 영감을 받은 디자인을 선보였다.

오스카 드 라 렌타 Oscar de la Renta 1970년대~2000년대

오스카 드 라 렌타의 작품은 로맨틱했으며 러플이 자주 등장하는 이브닝웨어로 유명하다. 때로는 도미니카 공화국에서 보낸 어린 시절, 스페인과 파리에서 공부했던 경험에서 영감을 받기도 했다. 그는 파리에서 컬렉션을 선보일 수 있는 특별한 혜택을 얻은 첫 번째 미국인 디자이너였다.

티에리 뮈글러 Thierry Mugler 1980년대

뮈글러는 포스트 모더니즘과 성적 페티시즘, 나이트클럽, 공상 과학, 핀업 할리우드 같은 마이너 컬처에서 영감을 얻어 극적인 스타일을 창조하였다. 무용을 했던 그의 경험도 영향을 미쳤다. 뮈글러는 자신감이 넘치는 여성을 위한 의상을 제작했다. 공격적이며 아주 정교한 테일러링 룩을 제시했으며 갑옷 같은 형태, 과장된 어깨, 패드를 댄 힙, 가는 허리가 특징이었다.

1970   1980

프랑코 모스키노 Franco Moschino 1980년대

항상 아웃사이더이던 모스키노는 대중문화를 사용하여 그가 디자인한 시크하고 기발한 의상에 유머를 불어넣었다. 테디 베어, 안전핀, 병뚜껑 같은 흔한 물건을 사용함으로써 그의 디자인은 당시 패션에서 팽배했던 럭셔리와 자만심을 조롱하는, 포스트 모더니즘적인 해석의 중요한 부분을 담당했다.

지아니 베르사체 Gianni Versace 1980년대~1990년대 초

베르사체는 로큰롤 스피릿을 가진 밝고 화려한 옷으로 잘 알려져 있으며 아름다운 실크, 가죽, 니트를 사용했다. 밝은색 프린트의 그리스, 로마, 아르 데코의 모티프를 사용했고 베르사체 하우스의 엠블렘은 메두사의 머리다. 베르사체는 엘튼 존, 엘리자베스 헐리 등 유명 인사와의 친분으로도 유명했다.

마틴 싯봉 Martine Sitbon 1980년대~2000년대

마틴 싯봉은 80년대 패션 하우스 끌로에와 일하면서 명성을 얻었고 90년대에는 자신의 브랜드로, 2000년대에는 비블로스의 디자이너로 일했다. 싯봉의 작품은 남성복 요소를 기초로, 부드러운 구조와 섬세한 컬러, 음악 문화의 영감을 섞는 것이 특징이다.

크리스티앙 라크루아 Christian Lacroix 1980년대

라크루아는 화려한 쿠튀르 패션의 상징이다. 하우스 오브 파투의 디자이너로 시작한 라크루아는 1980년대에 그의 아이콘이 된 과장되고 화려한 푸프 실루엣 원피스로 큰 인기를 얻었다. 밝은 컬러와 화려한 원단을 사용하며 장식이 매우 화려한 그의 작품은 패션계를 매혹시켰다.

로메오 질리 Romeo Gigli 1980년대~1990년대 초

로메오 질리는 화려한 패션 트렌드를 거부하고 자신만의 이상과 비전에 집중한 디자인을 선보였다. 질리는 르네상스와 비잔틴 시대의 진한 보석의 색과 관능적인 원단을 자주 사용했지만 그의 로맨틱한 실루엣과 아이코닉한 코쿤 실루엣 코트는 놀라울 정도로 현대적이었다.

랄프 로렌 Ralph Lauren 1980년대~현재

랄프 로렌이 마케팅의 귀재라고 칭송받을 수 있었던 것은 동경의 대상을 가리키는 전통적인 아이콘에 주목하여 확고한 브랜드 아이덴티티를 구축했기 때문이다. 1980년대 아이비리그 룩의 유행을 일으키며 유명해졌다. 아메리칸 원주민 문화, 서부 개척 시대, 초기 할리우드에서 영감을 얻어 미국의 상징과 열망을 이용한 랄프 로렌은 상업적으로 큰 성공을 거두었으며 여전히 순항 중이다.

스테판 스프라우스 Stephen Sprouse 1980년대

뉴욕 다운타운의 거물 스프라우스는 1960~1980년대 음악 문화, 그라피티, 앤디 워홀, 키스 해링, 바스키아의 작품을 디자인에 많이 사용하였다. 형광색과 검은색과 그만의 독특한 핸드라이팅 프린트를 사용한 것으로 유명하다.

아제딘 알라이아 Azzedine Alaïa 1980년대~1990년대

알라이아의 인체를 드러내는 섹시한 스타일은 독특했으며 여성의 힘과 동의어가 되었다. 티나 터너, 라켈 웰치, 그레이스 존스 같은 탄탄한 근육질의 유명 여자 스타들이 몸매가 드러나는 그물망 드레스, 각진 테일러링 실루엣을 잘 소화해내면서 알라이아의 디자인은 1980년대 룩의 정의가 되었다.

장 폴 고티에 Jean-Paul Gaultier 1980년대~현재

젠더 역할과 다양한 문화, 종교 단체에서 영감을 얻은 실험적인 디자인으로 고티에는 패션계에 오랜 공헌을 해온 셈이다. 고티에는 여성이 강하고 자신만만하면서도 섹시하게 느낄 수 있는 디자인을 했다. 반면 남성복은 여성미와 감각으로 충만한 디자인의 표본이었다.

클로드 몬타나 Claude Montana 1980년대~1990년대 초

몬타나는 1980년대와 1990년대 초반에 큰 인기를 누린 디자이너였다. 넓은 어깨, 단단한 금속 스터드와 장식, 짧은 타이트스커트 등 매우 구성적인 작품을 선보였다. 몬타나가 그렸던 강하고 영향력 있고 위협적인 여성상은 당시 직장에서 더 큰 성공을 위해 새로운 길을 개척하던 많은 여성들이 꿈꿨던 이상적인 이미지였다.

도나 카란 Donna Karan 1980년대~2000년대

도나 카란은 1980년대 직장 여성의 착장 방식에 중대한 방향 전환을 가져왔다. 실제로 기업 중역이었던 도나 카란은 본질에 초점을 두며 직장 여성의 옷을 디자인했다. 당시 판매되던 남성적인 수트로 한정 짓지 않고 움직임이 자유롭고 편안한 옷을 내놓았다. 테일러링이 강한 수트도 디자인했지만 그와 대조적으로 인체에 부드럽게 흐르듯 관능적인 원피스도 제시했던 디자이너였다.

레이 가와쿠보 Rei Kawakubo 1980년대~현재

꼼데가르송 브랜드를 이끄는 가와쿠보는 '패션의 철학자'이자 1970년대 소개된 '해체' 미학의 주창자 중 하나이기도 하다. 그녀가 디자인한 옷에는 이미지, 신체, 섹스어필에 대한 심도 깊은 해석이 담겨있으며 실루엣, 원단, 보여주는 방식에 대해 지속적으로 실험을 하고 있다.

1990

| | 1910 | 1920 | 1930 | 1940 | 1950 | 1960 | 1970 | 1980 | 1990 | 2000 | 2010+ |

요지 야마모토 Yohji Yamamoto 1980년대~현재

야마모토는 검은색 원단을 자주 사용해 인체 형태, 대칭, 패션 트렌드를 따르지 않는 디자인을 한다. 섹스어필에 있어 전통적인 인식에 대한 대안을 표현하기를 즐기는 야마모토는 과장된 실루엣을 통해 미와 정신성을 드러내고자 한다. 아디다스와 협업인 Y3 브랜드로 유명하다.

구찌/톰포드 Gucci/Tom Ford 1990년대~2000년대 초

원래 이탈리아의 고급 가죽제품 회사였던 구찌는 1990년대 톰 포드가 회사에 합류하기 전까지는 조용히 패션 사업을 영위하고 있었다. 1995년까지 구찌와 톰 포드는 유명 인사와 사교계 명사들이 꾸준히 찾으며 언론의 열광적인 환대를 받았다. 톰 포드의 디자인은 1970년대를 연상시키는 자신감 있는 실루엣에 현대적이고 섹시한 긴장감을 주었다.

헬무트 랑 Helmut Lang 1990년대~2000년대 초반

1990년대 미니멀리즘 운동에 앞장섰던 랑의 작품은 그래픽, 무채색, 첨단 기술 원단을 많이 사용했다. 그는 과감한 기하학적 모양, 뻣뻣한 실루엣, 실용적인 디테일, 얇은 원단을 자주 사용했으며 남녀 모두 중성적인 느낌의 그래픽과 밀리터리 룩이 섞인 디자인을 선보였다.

에일린 피셔 Eileen Fisher 1980년대~현재

지속 가능한 패션의 초기 선구자였던 피셔는 여성에게는 몸에 잘 맞고 두루 입을 수 있는 고품질의 편안한 옷이 필요하다는 믿음으로 자신의 브랜드를 시작했다. 공급과 가치 사슬 안에서 지속가능한 이니셔티브를 주창하는 브랜드다. 예를 들어 요즘은 다른 곳에서도 자주 찾아볼 수 있는 '수거(take-back)' 이니셔티브는 상태가 좋은 중고품을 수선한 뒤 '그린 에일린'이란 브랜드로 재판매하는 것이다.

질 샌더 Jil Sander 1990년대~2000년대 초

질 샌더는 1990년대 시작한 미니멀리즘의 대모였다. 솔기나 디테일을 가능한 배제하고 대체로 무채색을 선호했다. 일자형 실루엣에 부드러운 어깨선의 재킷으로 인기를 얻은 그녀는 90년대의 무드와 정확히 맞았다. 당시 여성들은 화려한 80년대 스타일을 벗어나 조용한 물질주의(materialism)에 더 관심이 많았다.

알버 엘바즈 Alber Elbaz 1990년대~2000년대

엘바즈는 제프리 빈, 기 라로쉬, 이브 생 로랑 같은 유명한 패션 하우스에서 경력을 쌓았지만 2001년부터 2015년까지 디자인을 맡았던 하우스 오브 랑방을 소생시킨 것으로 유명하다. 그는 여성스럽고 쾌활하고 세심한 기교를 중시하면서도 극도로 우아하고 화려한 옷을 디자인하여 충성 팬들이 많았다.

마크 제이콥스 Marc Jacobs 1980년대~현재

마크 제이콥스는 우리 시대의 가장 유명하고 영향력 있는 디자이너라고도 할 수 있을 것이다. 제이콥스는 디자이너 초창기에 1990년대 시애틀 기반의 포스트펑크에서 영감을 얻어 그 유명한 그런지 컬렉션을 이끌며 유명세를 얻었다. 루이비통의 크리에이티브 디렉터로 16년간 일한 뒤 다시 뉴욕으로 돌아와 현재는 자신의 브랜드에 집중하고 있다.

앤 드뮐미스터 Ann Demeulemeester 1990년대~2000년대

앤트워프 식스의 멤버였던 드뮐미스터는 컬러 팔레트를 엄격하게 제한—보통은 검은색을 사용—하며 작업했다. 그녀의 옷은 반대말 찾기 놀이와 같다. 헐렁하고 남성복에서 영감을 받은 실루엣이 로맨티시즘 및 부드러움과 대비를 이루어 컬렉션마다 등장했다. 2013년 드뮐미스터는 자신의 이름을 딴 패션 하우스를 떠나겠다고 발표했다. 드뮐뮈스터 브랜드는 시즌마다 컬렉션을 발표하고 있다.

마르틴 마르지엘라 Martin Margiela 1980년대 후반~1990년대

컨템포러리 패션에서 매우 영향력 있는 마르지엘라는 원조 앤트워프 식스의 멤버였다. 마르지엘라는 패션을 철학의 수행이라고 생각했으며 해체주의와 미에 대한 인습에 반하는 인식 등의 지적인 콘셉트를 가지고 작업을 했다. 그는 트렌드를 무시했으며 그만의 예술적인 과정에서 소모가 될 때까지 기존의 아이디어를 재작업하는 것을 선호했다.

프라다는 컬렉션을 통해 패션이 나아갈 방향에 대한 질문을 던진다.

프라다 Prada 1990년대~현재

미우치아 프라다는 자신의 할아버지가 설립했던 이탈리아의 명망 높은 고급 가죽 회사를 성공적으로 탈바꿈시켜 패션계의 최고 브랜드로 만들었다. 아름다움의 기준을 새롭게 정의하는 패션을 만드는 프라다가 지속적으로 추구하는 바는 여성을 규정지을 수 없는 옷을 만드는 것이다. 그렇기에 그녀는 자신이 싫어하는 원단이나 콘셉트를 의도적으로 사용해서 저항이 생기도록 하는 것이라고 설명했다.

1990

폴 스미스 Paul Smith 1990년대~현재

스미스는 남성복 디자이너로 시작했다. 그는 전통적인 스리피스 수트를 입지 않으면서도 정장을 입은 것처럼 보이고 싶은 남성들을 위한 옷을 디자인했다. 스미스는 전통적인 실루엣을 고수했지만 밝고 과감한 컬러를 사용했다. 1998년 여성복 컬렉션을 시작했고 전 세계에 매장이 있다.

돌체 앤 가바나 Dolce & Gabbana 1990년대~현재

이탈리아 디자이너 도메니코 돌체와 스테파노 가바나는 이탈리아의 심볼, 섹스, 논란이 되는 광고를 이용해 자신들의 브랜드를 홍보했다. 이들 컬렉션은 처음에는 시실리아 문화의 영향을 받았으나 점차 진화하였고 호피 무늬, 코르셋, 블랙과 레드를 자주 사용하며 몸에 딱 맞고 섹시한 디자인을 선보이고 있다.

알렉산더 맥퀸이 최신 원단과 과거의 시대 복장을 나란히 대비시켰다.

존 갈리아노 John Galliano 1990년대~현재

갈리아노의 디자인 인생에서 그의 작품은 대개 선을 넘을 정도로 과도하게 호사스러웠다. 화려했던 지방시, 자신의 브랜드와 디오르에서의 디자이너 생활 이후 짧지만 불명예스러운 휴식 기간을 맞았다. 2014년 갈리아노는 메종 마르지엘라의 크리에이티브 디렉터로 다시 일을 시작했으며 대체로 호평을 받고 있다.

알베르타 페레티 Alberta Ferretti 1990년대~현재

페레티는 본인의 뿌리인 이탈리아의 영감을 받아 화려한 컬러의 드레스를 만든다. 여성스러운 원피스를 디테일까지 섬세하게 봉제하는 것으로 알려진 그의 작품은 부유한 제트족들에게 큰 인기를 얻었다.

아이작 미즈라히 Isaac Mizrahi 1990년대~2000년대

아이작 미즈라히는 두 가지 타입의 여성에게 영감을 얻는다. 1950년대 할리우드 여배우와 아무진 뉴욕 여성이다. 그의 옷은 밝고 쾌활하지만 결코 유치하지 않다. 익숙하고 단순한 실루엣에 독특한 질감과 컬러를 섞은 옷을 디자인한다. 미즈라히는 〈언지프〉라는 다큐멘터리 영화와 카리스마 넘치는 성격으로 유명하다.

알렉산더 맥퀸 Alexander McQueen 1990년대~현재

맥퀸의 패션에는 새빌 로의 장인 정신, 무정부주의자가 바라본 패션, 섬세한 인본주의, 연극적인 감성이 모두 섞여 있다. 여성과 권력의 역할 변화를 예민하게 관찰했던 맥퀸은 아주 다양하고 흥미로운 방식의 지배와 복종의 관계를 연구했다. 안타깝게도 2010년 맥퀸은 스스로 생을 마감했고 그의 이름을 딴 브랜드는 그의 어시스턴트였던 사라 버튼이 책임을 맡고 있다.

마르니 Marni 1990년대~현재

1994년 콘수엘로와 지아니 카스틸리오니 부부가 론칭한 마르니는 원래 가족 회사에서 쓰고 남은 모피를 소진하려는 목적이었다. 마르니는 이탈리아의 대표적인 컨템퍼러리 페미니즘 브랜드로 크고 과감한 그래픽 프린트를 사용하는 것으로 유명하며, 다채로운 컬러와 질감, 대담한 실루엣 등이 특징이다. 2016년 콘수엘로는 크리에이티브 디렉터에서 물러났고 그 자리를 프란체스코 리소가 맡고 있다.

마이클 코어스 Michael Kors 1990년대~현재

코어스는 아메리칸 클래식 룩을 재미있고 편안하게 풀어내는 디자이너로 골수 팬이 많다. 입기 쉽고 편한 옷에 재미있는 포인트를 섞으며 팜 비치, 아스펜 같은 미국만의 독특한 테마를 주제로 삼는 코어스는 과감한 그래픽 패턴과 컬러를 사용하면서도 카멜, 치콜, 블랙, 화이트 등 스포츠웨어에 자주 사용하는 컬러도 많이 쓴다.

드리스 반 노튼 Dries Van Noten 1990년대~현재

앤트워프 식스의 일원이었던 드리스 반 노튼은 다른 다섯 명의 벨기에 출신 디자이너들과 다른 행보를 걸은 디자이너다. 반 노튼의 작품은 인도, 중앙아시아, 유럽 같은 곳에서 영감을 받은 실루엣, 컬러, 프린트를 적절히 섞은 것이 특징이다.

라프 시몬스 Raf Simons 1990년대~현재

시몬스가 론칭한 남성복 브랜드는 1995년 이후로 폭발적인 성공과 영향력을 거두며 승승장구했다. 또한 질 샌더 여성복(2005~2012), 크리스티앙 디오르(2012~2015), 캘빈 클라인(2016~2018)에서 엄청난 갈채를 받았다. 2020년 시몬스는 미우치아 프라다와 프라다의 공동 크리에이티브 디렉터가 되었다. 시몬스는 컬러, 형태를 신중히 사용하고 현대적이면서도 매우 혁신적인 섬세한 기교로 유명하다.

2000

| 1910 | 1920 | 1930 | 1940 | 1950 | 1960 | 1970 | 1980 | 1990 | 2000 | 2010+ |

스텔라 매카트니 Stella McCartney 2000년대 초반~현재

전 비틀스 멤버 폴 매카트니의 딸인 스텔라 매카트니는 하우스 오브 끌로에의 디자인 디렉터로 명성을 얻었다. 2001년 그녀는 구찌 그룹에 합류해 자신의 이름을 딴 라인을 출시했다. 70~80년대 룩을 재해석하고 독특한 프린트와 재미있는 테일러링 피스로 젊은 소비자들을 타겟으로 하는 디자인을 선보인 이 브랜드뿐 아니라 동물권을 강하게 주장하는 옹호론자로도 유명하다.

후세인 샬라얀 Hussein Chalayan 2000년대 초반~현재

샬라얀은 독창적이면서도 입을 수 있는 옷을 만드는 예술가이며 철학자이자 디자이너다. 샬라얀은 트렌드를 거부하며 옷, 런웨이 쇼 연출, 음악을 빈틈없이 엮어서 추상적 의미가 담긴 퍼포먼스 작품으로 빚는다. 개념적 디자이너인 그는 돈보다는 정신에 더 관심이 있는 디자이너의 예로 책에 자주 언급된다.

2013년 뉴욕 패션 위크 당시 나탈리 샤닌과 프로젝트 앨라배마.

나르시소 로드리게즈 Narciso Rodriguez 2000년대 초반~현재

로드리게즈는 케네디 주니어와 결혼한 캐롤린 베셋 케네디를 위해 단순하면서도 우아한 웨딩드레스를 디자인하면서 세계적으로 이름을 알리게 되었다. 캘빈 클라인에서 경력을 쌓으며 미니멀리스트로서 자신만의 스타일을 만들었고 그래픽 컬러를 사용한 깔끔한 솜씨, 완벽한 마감 디테일의 디자인이 특징이다. 그는 사람들이 편하게 입는 옷에 신선한 감각을 불어넣었다.

준야 와타나베 Junya Watanabe 2000년대 초반~현재

꼼데가르송 레이 가와쿠보의 제자인 와타나베는 놀라운 마감 기법과 최신 개발 원단을 사용하는 것으로 유명하다. 그는 한 가지 주제로 컬렉션을 발표하는 편으로 한 가지 아이디어를 놀라우리만큼 다양한 버전으로 해체와 재건을 반복한다.

앨라배마 샤닌 Alabama Chanin 2000년대~현재

나탈리 샤닌은 고향인 앨라배마 플로렌스로 돌아가 지역 경제를 살리고자 했다. 처음부터 그녀는 지속 가능한 패션을 지지하며 '슬로우 디자인(SlowDesign)'과 '제로 웨이스트(Zero-Waste)'의 기치 아래 유기농 면, 현지 장인들의 자수 공예 기법을 사용했다. 그렇게 생산된 제품은 가격대가 매우 높았기에 샤닌은 팬들이 스스로 자신만의 버전을 만들어 입을 수 있도록 만드는 법을 오픈 소스로 공개하였다.

프로엔자 슐러 Proenza Schouler 2000년대 초반~현재

디자이너 라자로 에르난데스와 잭 맥콜로는 젊은 나이에도 불구하고 디자인팀을 이루며 오랜 시간 능력을 증명했다. 이 창의성 넘치는 한 쌍의 디자이너는 신선한 감각으로 스타일과 문화를 다루는 디자인으로 패션계 안에서 수상의 영예를 많이 안았다.

뉴욕패션위크에 열린 제로+마리아 코르네호 2013년 가을 컬렉션 쇼의 런웨이에서 마리아 코르네호와 모델.

제로+마리아 코르네호 Zero+ Maria Cornejo 2000년대~현재

뉴욕에 기반을 둔 마리아 코르네호는 명맥이 끊기고 있는 가먼트 디스트릭트 지역에서 의류 생산을 고집하는 몇 안 되는 디자이너 중 한 명이다. 여성 권익 신장을 중점으로 한 환경과 사회를 의식하는 디자인을 오랫동안 해온 공로로 다수의 상을 수상했다.

니콜라스 게스키에르 Nicolas Ghesquière 2000년대 초반~현재

게스키에르는 종종 미래주의자로 불린다. 형태, 컬러, 원단, 구조를 실험하며 트렌드를 선도하는 작품을 꾸준히 내놓고 있다. 1997년도부터 2012년까지 그는 하우스 오브 발렌시아가를 놀랍도록 스타일리시하게 이끌어왔다. 2013년에 게스키에르는 마크 제이콥스를 대신하여 루이비통 여성복 아트 디렉터가 되었다.

빅터앤롤프 Viktor & Rolf 2000년대~현재

네덜란드 디자이너 빅터 호스팅과 롤프 스뇌렌은 패션계의 현상을 타파하며 혁신적인 원단과 실루엣, 편하게 입을 수 있는 옷을 탐구하는 쇼를 보여주었다. 패션에 대해 초현실적이며 추상적으로 접근하는 방식 덕분에 그들을 소재로 한 책도 있으며 갤러리나 박물관에서 예술과 패션의 관계를 조명한 전시도 열렸다.

2000

알렉산더 왕 Alexander Wang 2000년대~현재

샌프란시스코 출신의 알렉산더 왕은 스트리트 문화와 스포츠 문화의 요소를 결합하고 컬러, 그래픽, 고급 원단을 사용하여 개성에 민감한 밀레니엄 세대가 입고 싶은 디자인으로 인기를 얻으며 성공적인 경력을 쌓았다. 2012년부터 2015년까지 발렌시아가에서 짧게 일한 뒤 알렉산더 왕은 뉴욕으로 돌아와 자신의 남성복과 여성복 브랜드를 전개하고 있다.

릭 오웬스 Rick Owens 2000년대~현재

캘리포니아 태생의 릭 오웬스는 다소 패션의 아웃사이더 같은 느낌을 늘 주었다. 대부분의 디자이너들이 걷는 전통적인 길을 거부하고 트렌드를 무시하며 대신 옷에 대한 매우 개인적인 표현에 집중한다. 파리에서 활동 중인 오웬스는 무채색 톤의 컬러, 드레이프, 미래주의적 미니멀리즘 그리고 인류애를 다루는 컬렉션으로 잘 알려져 있다.

칸예 웨스트 Kanye West 2000년대~현재

혁신적이고 유명한 래퍼이자 유명 인사인 웨스트는 처음에는 나이키, 이후에는 장기간 아디다스와 협업하며 '이지(Yeezy)'라는 신발 라인을 성공적으로 론칭했다. 한정판 컬러와 단순한 스타일로 유명한 옷을 한정판으로 제작하기도 한다. 이지 운동화는 매우 비싸며 수요가 폭발적이다.

피비 파일로 Phoebe Philo 2000년대~현재

가족에 집중하겠다고 끌로에를 떠났던 파일로는 셀린느에 합류하면서 집과 직장 사이를 오가는 여성들이 실제로 입는 옷을 새로 정의내리고자 힘썼다. 파일로는 편하고 몸에 붙지 않으며 잘 재단되고 평범해 보이지만 매혹적이고 무언가 연상되는 옷을 매우 중요하게 생각했다. 2017년 파일로는 셀린느에서 물러났으며 2023년 자신의 이름을 건 브랜드를 론칭했다.

토마스 마이어 Tomas Maier 2000년대~현재

전 남성복 디자이너인 토마스 마이어는 명품은 보는 것이 아니라 느끼는 것이라는 기본 철학을 가지고 있다. 2001년 마이어는 명망 높은 가죽 전문 하우스인 보테가 베네타에서 일을 시작했고 보테가 베네타의 명성을 되살린, 입기 편하면서도 아름다운 명품을 제작했다. 2018년 마이어는 보테가 베네타를 떠나 은퇴했다.

버질 아블로 Virgil Abloh 2000년대~2021년

아블로는 건축가로 경력을 쌓았고 여러 예술 프로젝트에서 칸예 웨스트와 협업을 시작했다. 2013년 그는 자신의 패션 브랜드인 '오프화이트'를 밀라노에서 론칭했다. 2018년에는 루이비통 남성복 라인의 아트 디렉터가 되었다. 아블로는 다양한 디자인 감독과 아트 프로젝트에 참여했을 뿐 아니라 디자인 분야에서 젊은 흑인들이 더 많이 참여할 수 있게 지원했다.

하이더 아커만 Haider Ackermann 2000년대~현재

아커만은 자신의 이름을 딴 여성복 컬렉션을 발표한 뒤 패션계에서 많이 회자된 디자이너다. 시그니처가 된 드레이프와 조형적인 형태, 관능적인 컬러, 호사스러운 원단으로 유명한 그는 여성의 섹슈얼리티, 우아한 동작, 강력한 확신에 대한 독특한 관점이 있다. 러포 리서치와 벨루티의 객원 디자이너로 일했고 2013년 남성복으로 데뷔했다.

톰 브라운 Thom Browne 2000년대~현재

브라운은 패션을 통해 유럽 혹은 아시아 디자이너들과 연계된 철학적 관찰을 표현하는 미국 디자이너이다. 브라운은 정교한 테일러링으로 유명한 디자이너지만 옷을 만드는 정식 교육을 받은 적이 없다. 아마도 이런 연유로 다수의 상을 받고, 사업이 번창하고, 많은 대기업과 콜라보레이션을 하는 듯하다.

버질 아블로와 지지 하디드가 파리패션위크에서 열린 2020년 봄/여름 오프화이트 컬렉션을 마친 뒤 런웨이에서 관객들에게 인사하고 있다.

2010+

UNIT 3

패션 시장의 주요 카테고리

패션 디자인은 몇 가지 카테고리로 나뉘고 그에 따라 가격, 디자인, 타깃층이 달라진다. 어떤 카테고리를 대상으로 디자인하는지 정확히 이해하는 것이 중요하다.

오트 쿠튀르

오트 쿠튀르는 가장 비싸고 정교하게 제작되며 노동력이 많이 소요되는 종류의 의복으로 프랑스 오트 쿠튀르 의상 조합이 엄격히 관리하고 있다. 쿠튀르 의복을 제작하기 위해서는 오트 쿠튀르 조합에서 초청받아 파리에서 작업해야 하며 최소 15명 이상 고용해야 한다. 그리고 적어도 일 년에 두 번 데이웨어와 이브닝웨어 35벌을 쇼에서 선보여야 한다. 고객에게 딱 맞는 의복을 제작하기 위해 적어도 세 번은 가봉 과정을 거쳐야 한다.

디자이너/프레타 포르테

이 컬렉션은 표준 사이즈를 채택하고 있으며 시즌별로 패션지와 바이어를 대상으로 패션쇼를 연다. 디자이너 브랜드 옷은 고급 원단과 구조, 정교한 봉제가 특징이며 도나 카란처럼 광범위한 마케팅이나 광고의 일환으로, 또는 에르메스처럼 꼼꼼한 디테일을 강조하기 위해 이들 컬렉션에는 따로 카드가 붙는다. 또한 꼼데가르송의 작품처럼 예술이나 철학적 아이디어를 탐구하는 좀 더 심오하고 개념적이고 추상적인 영감을 드러내는 것으로도 유명하다.

　프레타 포르테 컬렉션은 점점 대중과 동떨어지는 추세이며 패션 하우스가 저렴한 라이선스 제품이나 세컨드 브랜드 제품을 팔기 위한 홍보의 도구로 이용된다.

쿠튀르의 정교한 작품 ↓

품질과 전통적인 손바느질 기법, 화려한 마감이나 장식(비즈 장식이나 자수, 그림 참조)을 중요시하기 때문에 쿠튀르 제품을 디자인할 때는 가격에 제약이 없다.

브리지

이 시장은 1970년대에 유명해졌다. 당시 많은 여성들이 직장을 다니기 시작했으나 직장 여성의 니즈에 맞는 적당한 옷을 찾기 힘들었다. 브리지 시장은 주로 미국에서 활성화되었고 여성을 위한 스포츠웨어나 비즈니스 정장 같은 클래식 아메리칸 룩에 기반을 둔다. 브리지도 가격대가 높은 편이지만 디자이너 라인만큼은 아니다. 디자이너 이름으로 제품 생산을 하지 않고 덜 비싼 원단과 공정을 채택하기 때문이다.

브리지 시장의 스타일과 실루엣은 시즌에 따라 크게 바뀌지 않는다. 노동 시장에 참여하는 여성들이 남성 동료에게 너무 여성적으로 보이는 것에 민감하기 때문에 디자이너들도 회색, 검은색, 남색, 회갈색처럼 전통적으로 남성복 수트에 사용하는 컬러를 여성복 테일러링 수트에도 사용하였다. 1980년대에 들어서야 디자이너들은 대안이 될 수 있는 실루엣의 여성복을 선보이기 시작했다. 여성적인 면을 완전히 무시하지 않으면서도 프로답게 느껴질 수 있는 옷이었다.

오늘날 브리지 시장은 변화하고 있다. 여성 베이비붐 세대가 직장에서 남성들과 경쟁하는 데 익숙해지고 있으며 더 젊은 여성들은 수트를 입고 싶어 하지도 않고 입어야 한다는 압박을 받지도 않기 때문이다. 따라서 바나나 리퍼블릭이나 앤 테일러 같은 브리지 컬렉션은 더 젊은 여성 고객을 타깃으로, 덜 비싸고 스타일적으로 더 과감한 의상을 선보이고 있다.

실루엣 혁신 ←

디자이너 브랜드 컬렉션은 오리지널 디자인을 유지하기 위해 최고 품질의 원단을 사용한다.

익숙한 실루엣 ↓

고품질 원단, 실용성, 균형 잡힌 컬러를 이용한 브리지 컬렉션은 섬세한 디테일이 있는 믹스앤매치 투피스를 제시하여 소비자에게 완벽한 복장을 제시한다.

컨템포러리

컨템포러리 시장은 브리지 시장과 가격대는 비슷하지만 더 젊고 더 도전적인 소비자를 타깃으로 한다. 많은 디자이너 브랜드에서는 세 컨드 브랜드를 가지고 있다. 도나 카란의 DKNY, 캘빈 클라인의 CK, 돌체 앤 가바나의 D&G 같은 브랜드가 이 카테고리에 속한다. 이들 브랜드의 소비층은 더 다양하게 패션 트렌드를 수용하며 디자이너가 쇼에 선보이는 제품에도 관심이 있지만 더 낮은 가격에 구매하기를 원한다.

중저가 캐주얼

중저가 캐주얼 상품은 메이시스, 딜라즈, JC페니 백화점에서 판매되며 이들 백화점은 정장부터 주말 레저룩까지 다양한 활동을 하는 고객을 타깃으로 한다. 또한 이 카테고리에는 쇼핑센터에서 판매되는 갭, 에버크롬비 앤 피치, 더 리미티드 같은 활동적이며 캐주얼한 브랜드도 포함된다. 디자이너 컬렉션에서 선별하거나 전년도 판매를 근거로 디자인한 실루엣을 선보인다. 옷은 클래식, 클래식 캐주얼, 신상품 등으로 구분된다. 클래식은 모두가 입고 전통적인 컬러를 사용한다. 예를 들어 갭의 청바지, 메이시스의 감색 스커트 같은 것들이다. 클래식 캐주얼은 약간 변형이 들어간 기본 실루엣으로 스트라이프 스웨터나 러플이 달린 감색 스커트 같은 품목이다. 신상품은 트렌드 컬러와 실루엣의 제품에 재미를 더한 것이다.

아동/청소년 캐주얼

아동복은 10세에서 14세 나이대, 청소년은 13세에서 18

세 나이대 학생들이 타깃이다. 이 시장은 베이비붐 세대와 X세대의 자녀들이 쇼핑을 즐기면서, 21세기에 폭발적으로 늘어났다. 부모들은 아이들이 독특한 개성을 발산하도록 응원했고 이에 맞춘 마케팅으로 더 많은 상품을 팔 수 있었다. 유행은 돌자마자 식어버렸다. 이 카테고리의 브랜드로는 포에버 21, 델리아스, 올드 네이비가 있다.

저가

저가 상품은 패션업계에서 가장 빠르게 성장하는 부문이다. 모든 소비자 카테고리 안에는 저가군이 있다. 저가 상품의 소비자 수요 때문이다. 스텔라 맥카트니, 칼 라거펠트, 레이 가와쿠보 같은 혁신적이며 고가 라인의 디자이너들이 스웨덴 패션 소매업체인 H&M에서 컬렉션을 선보였다. 아이작 미즈라히는 미국의 대형 마트 체인점인 타깃을 위한 자신의 브랜드를 만들었고 프로엔자 슐러, 알렉산더 맥퀸, 조나단 손더스, 트레이시 리즈 등의 디자이너들도 타깃의 자체 브랜드인 고 인터내셔날(Go International)을 위한 컬렉션을 제작하였다.

　저가 시장 브랜드는 옷을 싸고 빠르게 만들어야 한다. 이런 현상 때문에 '시즌 옷'이라는 용어에 새로운 의미가 생겼다. 저렴한 원단과 트렌디한 실루엣은 잠깐만 유행할 뿐이기 때문이다. 또한 제조업체가 소매점이 요구하는 가격대를 맞추기 위해서 근로자들을 착취하는 불공정하고 위험한 노동 관행에 대해 관심은 더욱 커져 가고 있다. 의류 업계가 '입고 버리는' 옷을 너무 많이 만들어서 결국 땅에 매립하고 환경에 해로운 값싼 원단을 만든다는 비판이 거세지고 있다.

영 스피릿 →

아동/청소년 의복의 특징이 남녀 컬렉션에서 모두 잘 나타나 있다. 헐렁한 실루엣, 믹스앤매치의 상하의, 트윌 면과 데님, 코듀로이 같은 캐주얼한 원단을 사용함으로써 학교에서도 주말에도 입기 좋은 옷으로 만들었다.

UNIT 4
시즌별 출시

대부분 디자이너들은 여섯 개의 기본 시즌 컬렉션을 발표한다. 봄, 여름, 간절기, 가을, 홀리데이, 리조트/프리 스프링 컬렉션이다.

봄과 가을은 대형 컬렉션의 주력 시즌이며 그 외는 소규모의 캡슐 컬렉션이다.

고가 라인의 컬렉션은 제품이 많지 않은 편이다. 옷을 만드는 데 품과 돈이 많이 들기 때문이다. 저가 라인 컬렉션은 매주 새로운 옷을 출시하여 소비자를 유혹한다. 많은 가게에서 다양한 상품을 진열해 놓을 것이다. 그렇기에 디자이너는 원단과 컬러가 시즌별로 어떻게 변해가는지 매우 민감하게 주시해야 하며 제품도 그 시즌과 잘 어울려야 한다.

가을 숲 ↑
갈색, 황토색, 아이보리색, 밤색으로 가을/겨울 컬렉션의 방한용 원단에 안정감과 온기를 준다.

수채화 같은 온실 속 꽃 ↓
봄/여름 컬렉션은 원색과 밝은색을 많이 사용하는 편이다. 자연의 영감을 받은 하얀색과 꽃의 색으로 가득해 따뜻한 계절이 연상된다.

봄 컬렉션 *2월 출시*
- 여러 번 옷이 출시되는 큰 컬렉션이다. 기온 변화에 따라 쉽게 레이어링할 수 있는 옷에 초점을 둔다.
- 면, 실크 니트 같은 더 가벼운 소재와 컬러를 사용하며 실루엣은 간절기 느낌이다.

여름 컬렉션 *4/5월 출시*
- 밝은 컬러, 원단, 프린트
- 캐주얼하고 편한 실루엣, 레이어링은 덜 한다.

간절기 컬렉션
- 가을 컬렉션에 앞서 소비자들을 유혹하려고 만든 작은 컬렉션이다.
- 소비자들에게 다가올 시즌을 연상시키는 전통적인 컬러를 사용한다. 브라운 계열, 호박색, 올리브그린, 크랜베리, 가지색, 러스트, 오커 등이다.

가을 컬렉션 *9월 출시*
- 전통적인 컬러는 회색, 검은색, 회갈색과 '트렌드' 컬러이다.
- 질감이 있고 묵직한 원단을 사용한다.

홀리데이 컬렉션 *11월 출시*
- 더 작은 캡슐 컬렉션
- 전통적인 컬러는 검은색, 메탈, 샴페인, 보석 톤이다.
- 벨벳, 레이스, 새틴 같은 드레시한 원단을 주로 쓰며 특별한 행사를 위한 옷이다.

리조트/프리 스프링 컬렉션 *12월/1월 출시*
- 작은 캡슐 컬렉션으로 보통 봄 컬렉션의 예고편이다.
- 컬러는 밝은 파스텔 톤이며 우울한 겨울을 떨쳐내고픈 소비자가 대상이다.
- 수영복과 봄옷도 이 시점에 출시되며 더 따뜻한 곳으로 휴가를 떠나고픈 소비자를 대상으로 한다.

UNIT 5

소비자 프로필: 라이프 스타일

디자이너들은 작업할 때 특정 소비자를 염두에 두고 디자인한다.
소비자가 정해지면 목표를 향하여 조화로운 컬렉션을 완성할 수 있다.

소비자에 대한 서사를 구축함으로써 명확한 개성을
만들면, 여러분은 그를 토대로 원단, 컬러, 프린트를
선택할 수 있다. 소비자에 대한 스케치는 실루엣 변화,
머천다이징, 디자인 용도(사람에 따라 이브닝웨어로 입거나
평상복으로 입는다)를 어떻게 선택할지 알려주기도 한다.

프로필 A: 성공한 갤러리 대표

기혼여성. 35세. 현재 근무하는 아트 갤러리는 엘리
자베스 페이턴, 다나 슈츠, 라이언 맥긴리 같은 유
명 현대 작가의 작품을 거래함. 고액의 연봉을 받고
있으며 새로 리노베이션을 한 뉴욕 첼시의 나지막한
로프트 하우스에서 금융회사 부사장인 남편과 살고
있음. 필름 포럼에서 소개한 독립 영화를 선호하고
마크 모리스와 마사 그레이엄이 무용 감독을 맡은
현대 무용 공연을 자주 보러 감. 스파나 해변가 리조
트에서 쉬는 것보다는 문화를 경험하기 위한 여행을
하는 편. 디자인계에서 가장 혁신적인 것에 관심을
기울이며 도시에서 신진 예술가를 발굴하기 위해 해
외 출장을 자주 하는 편이라 전 세계적으로 최신 디
자인에 대해 잘 알고 있음.

　가지고 있는 옷은 대부분 직장에서 전문적으로
보이기 위한 옷이지만 매우 개인적인 취향을 담고 있
음. 그녀는 요지 야마모토, 꼼데가르송, 릭 오웬스의
옷을 즐겨 입는데, 비전통적인 기법으로 만들어지며
실루엣이 조형적이라는 점을 좋아함.

라이프 스타일에 대한 질문

» 소비자 프로필을 만들 때 다음 질문을
토대로 참고해본다.

기본 사항:

» 나이?
» 직업? 직업의 수준?
» 사는 곳? 구체적으로 적는다.
» 뉴욕이라면 어퍼 이스트 사이드인지 이
스트 빌리지인지 미트패킹 디스트릭트
인지? 동네마다 특정한 감성과 거주민의
특성이 있다.
» 미혼인지 기혼인지? 자녀?
» 교육 수준? 대졸? 자격증?

선호도:

» 좋아하는 영화?
» 선호하는 휴가 타입? 좋아하는 장소?
» 좋아하는 식당?
» 구독하는 잡지?
» 좋아하는 예술가나 예술 양식?
» 좋아하는 음악? 밴드?
» 좋아하는 디자이너?

이런 질문에 대한 답을 해봄으로써 한 사람
에 대해 꽤 철저히 파악해보면 컬렉션 방향
을 일관되게 유지하기가 쉽다는 것을 알 수
있다.

실루엣으로 완성한 룩 ←

화려한 실루엣을 소화할 수 있는 노력과 자
신감은 매우 특정한 고객을 설정하는 데 중
요한 역할을 한다. 대담하고 선형적인 패턴
이 유기적 형태와 배치되어 자신감 있는 여
성을 주제로 한 컬렉션이 강조되고 있다.

프로필 B: 학생, 《틴보그》 인턴

21세의 미혼 여성. 뉴욕에 있는 《틴보그》 인턴. 컬럼비아 대학교에서 저널리즘을 전공하는 학생이며 옷을 살 수 있는 충분한 수입이 없지만 패션을 잘 알고 스스로 스타일링 하는 재미에 빠져 있음. 젊고 여성스러우며 로맨틱 코미디 영화와 케이트 윈슬렛 주연의 영화라면 뭐든 좋아함. 엄마 옷장 속 오시 클라크, 홀스턴 같은 역사적인 빈티지를 눈독 들이고 있음. 일하지 않을 때는 친구들과 근처 카페에서 만나거나 최근 인기 있는 언더그라운드 밴드의 음악을 들음.

그녀의 스타일은 전부 아메리칸 스타일로, 실용성과 편안함이 그녀에게 있어 가장 중요함. 가장 좋아하는 브랜드는 마크 바이 마크 제이콥스와 A.P.C(아페쎄)로, 두 브랜드 모두 슬림핏이며 클래식한 원단과 컬러를 사용, 매 시즌 트렌드를 벗어나지 않을 것으로 보임.

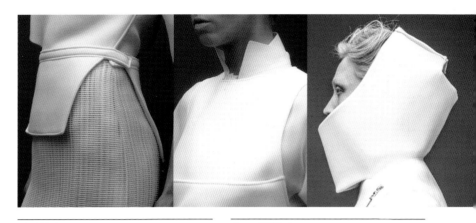

디테일이 중요 ↑

패션에 신경 쓰는 소비자들은 핏, 디테일, 비율, 원단 같은 모든 디자인 요소에 매우 민감하다. 이 미래주의 감성의 스포티한 컬렉션에서 볼 수 있듯이 이런 요소는 컬렉션 무드의 핵심이며 소비자의 라이프 스타일을 담고 있다.

스토리텔링 ↓

이런 고급 인테리어와 모델의 포즈는 특정한 라이프 스타일을 보여주며 인테리어의 부드러운 회색톤은 생기 있는 옷이 주인공이 될 수 있는 배경이 된다. 작품을 스타일링할 때는 항상 옷이 가장 눈에 띄도록 배치한다.

프로필 C: 패션 블로거

32세 여성. 최근 약혼함. 미국의 유명한 패션 블로거. 세계적으로 인지도를 높이고자 하는 열망이 있음. 다양한 이벤트에 참석해서 새로운 트렌드를 연구하고 블로그에 올리는 일이 그녀의 직업이기에 외모가 매우 중요함. 블로그 일을 하기 전에는 여러 패션 디자이너들의 홍보를 맡았기 때문에 네트워킹과 사교 행사에 참석하는 데 익숙함. 그녀의 스타일은 움직이기 편하면서도 최신 트렌드와 컬렉션을 보여줄 수 있어야만 함. 최신 트렌드의 전문가로서 돋보일 수 있기 때문. 그녀가 가장 좋아하는 브랜드는 마르니와 조나단 손더스로 이들 브랜드의 실루엣은 밤낮을 가리지 않고 입을 수 있으며 과감한 그래픽 패턴은 언론의 사회면과 패션란에 사진으로 실리기에 적합하기 때문. 그녀는 패션 블로거로서 본인이 브랜드임을 잘 인지하고 있음.

CHAPTER 2

디자인 기초

양적, 질적 연구로 기초를 탄탄히 다져야 다양한 디자인을 성공적으로 선보일 수 있다. 어떤 연구를 하고 어떻게 사용하는가는 여러분의 선택이지만 그 과정에서 여러분은 실험하게 되며 초기 발전 과정에서 많은 것들을 접하면서 여러분의 창의성을 가장 발현시키는 것이 무엇인지 알 수 있다. 스트리트 문화, 박물관, 갤러리, 건축, 전통의상, 테크놀로지, 낯선 문화, 문학이나 영화 속 서사 무엇이 됐든 패션 디자인에 적용하고 연구할 수 있는 콘셉트가 있게 마련이다.

· collection palette ·

· traditional chic palette ·

· lounge/casual palette ·

컬러 분류 ↑

컬러 팔레트는 영감, 소비자 미학, 시즌, 디자인 카테고리를 강조한다.

이번 장에서는 디자이너들이 패션을 창조하기 위해서 연구하는 주요 범주의 많은 부분을 탐구해볼 것이다. 또한 각각의 분야들이 어떻게 독특한 시각의 형성에 영향을 미치는지도 알아본다. 컬러, 모티프, 원단 질감, 원단 무게, 실루엣을 고려해 디자인하는 것은 반드시 마스터해야 하는 기술이다. 그래야 컬렉션을 전개할 때 무드를 강조하고 성공적으로 제품을 판매하며 디자인 콘셉트를 유지하고 중심 콘셉트를 벗어나지 않는다.

완전히 기능적인 패션 →

컬러와 원단이 한눈에 들어오는 스토리를 통해 컬렉션이 발전하는 모든 방향을 설명해야 한다. 옷과 액세서리가 함께 디스플레이될 경우 특히 그렇다. 이 컬렉션의 컬러와 원단은 옷과 액세서리 디자인에서 두루 사용되었다.

그녀의 니즈 충족시키기 ↑

디자이너들은 매 시즌 고객들의 니즈를 재확인하여 브랜드의 성공적인 성장을 기대한다. 다양한 액세서리 디자인을 통해 소비자는 직장, 주말여행, 동네 체육관, 가벼운 주말 점심 모임까지 다양한 일정에 어울리는 스타일을 완성할 수 있다.

실루엣 정의 →

이런 심플하고 수직적인 실루엣은 복잡한 패턴과 비율의 디자인을 도리어 강조한다.

작은 디테일까지도 체크 ↑

디자이너는 작은 디테일까지도 고려해야 컬렉션의 미학이 완성된다.

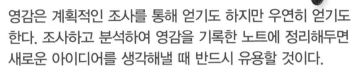

UNIT 6
자료 조사

영감은 계획적인 조사를 통해 얻기도 하지만 우연히 얻기도 한다. 조사하고 분석하여 영감을 기록한 노트에 정리해두면 새로운 아이디어를 생각해낼 때 반드시 유용할 것이다.

1차 조사

기초 조사는 디자이너가 수집하여 모아둔 원자료다. 미술관에서 예술품 진품이나 수집품을 보면서 얻은 것일 수도 있고 역사적 의상을 스케치한 자료일 수도 있다. 디자이너는 역사적 그림이나 미래 디자인, 식물이나 동물의 과학적 이미지를 보면서 디테일, 아이디어, 형태, 컬러, 질감에 대한 정보를 얻는다. 모든 정보를 모으면 여러분의 상상력과 디자인 과정의 자산이 된다.

2차 조사

2차 조사는 디자이너를 위해 수집해 종합한 정보다. 패션 정보회사나 패션 잡지를 통해서 얻은 트렌드 예측일 수 있다. 다른 디자이너가 집중적으로 사용한 정보나 영감 같은 것이다. 중요한 컬러, 원단, 질감, 스타일의 디테일을 해석하는 것은 평범한 아이디어를 보여주는 여러 디자이너들과 차별화될 수 있다.

문화 허브 ↓

런던의 빅토리아 앨버트 박물관 같은 기존의 박물관과 갤러리는 조사를 하고 영감을 얻을 수 있는 무궁무진한 자원이다. 다양한 콘텐츠뿐 아니라 건물 자체에서도 영감을 받을 수 있다.

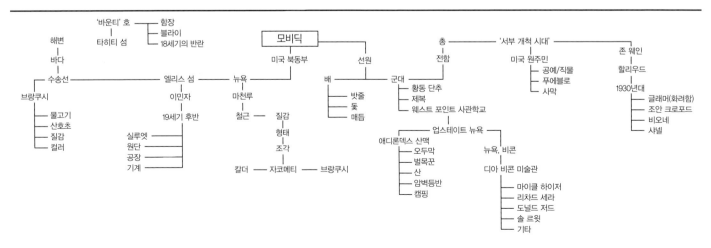

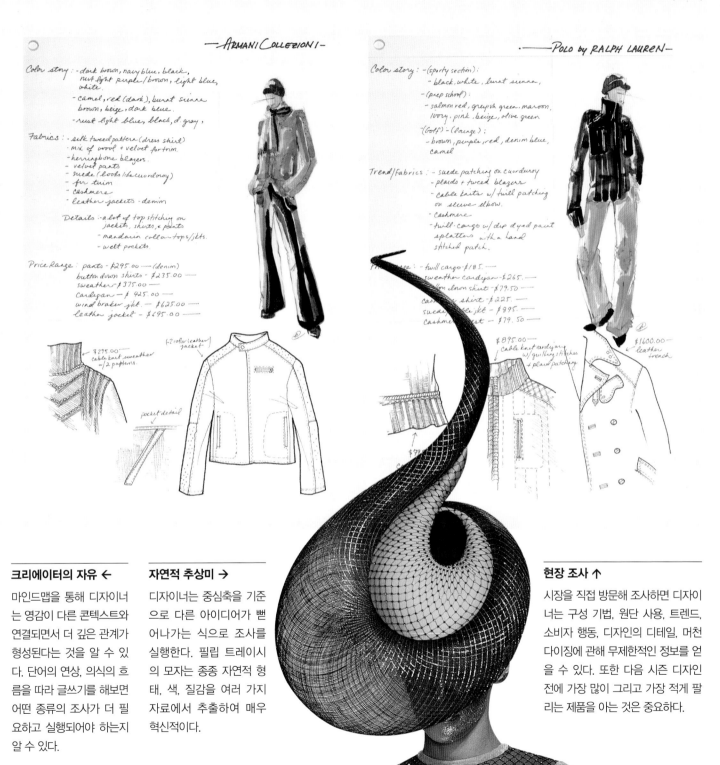

크리에이터의 자유 ←

마인드맵을 통해 디자이너는 영감이 다른 콘텍스트와 연결되면서 더 깊은 관계가 형성된다는 것을 알 수 있다. 단어의 연상, 의식의 흐름을 따라 글쓰기를 해보면 어떤 종류의 조사가 더 필요하고 실행되어야 하는지 알 수 있다.

자연적 추상미 →

디자이너는 중심축을 기준으로 다른 아이디어가 뻗어나가는 식으로 조사를 실행한다. 필립 트레이시의 모자는 종종 자연적 형태, 색, 질감을 여러 가지 자료에서 추출하여 매우 혁신적이다.

현장 조사 ↑

시장을 직접 방문해 조사하면 디자이너는 구성 기법, 원단 사용, 트렌드, 소비자 행동, 디자인의 디테일, 머천다이징에 관해 무제한적인 정보를 얻을 수 있다. 또한 다음 시즌 디자인 전에 가장 많이 그리고 가장 적게 팔리는 제품을 아는 것은 중요하다.

아이콘이 된 마지막 패션쇼 ↑

'아틀란티스'는 알렉산더 맥퀸이 사망하기 전 발표한 마지막 컬렉션이었다. 말 그대로 아이콘이 되었고 빛이 바래지 않는다.

영감 스크랩북: 세계를 보는 눈

디자이너로서 스크랩북을 만드는 것은 여러 가지로 유용하다. 영감을 주는 자료를 한군데에 모으면 참고할 때 효율적이며 잘 정리된 자료는 조사나 디자인 과정에서(32p 마인드맵 참조) 다른 종류의 아이디어로 이어질 수도 있기 때문이다. 또한 시간이 지나면서 디자이너로서의 본인의 본능적인 감각에 대해 생각해보고 혁신의 방향을 가고 있는지도 점검해볼 수 있다.

패션 디자인에 있어 어떤 것이든 영감의 원천이 될 수 있고 그 때문에 여러분은 스크랩북에 조사한 자료를 추가해야 한다. 예술 작품, 건축, 가구, 인테리어 디자인, 휴가지에서 찍은 사진 같은 이미지들, 원단 스와치, 벽지 샘플, 창작 글, 카페에서 무심코 한 스케치, 잡지에서 오린 컬러 스와치, 철물점의 페인트 컬러 칩, 옷의 디테일을 찍은 사진, 비즈나 자수 기법 이미지, 질감, 심지어 모델의 자세조차도 작업에 대한 풍성한 원천 자료가 되는 것이다. 창작 욕구를 강하게 불러일으키는 무언가를 본다면 여러분의 스크랩북에 저장해둔다.

여러분의 영감 스크랩북은 항상 가공이 안 된, 비정제 자료를 수집하는 공간으로 생각해야 한다. 그 자료에서 뽑아내고 추출해, 살을 붙이고 조사를 잘해서 확실하게 정리된 테마를 가지고 디자인할 수 있는 것이다.

일단 책에 넣기 전에 이미지를 대충 모아본다. 비슷한 테마와 아이디어로 이미지를 정리해서 시각적으로 잘 보이도록 한다.

스크랩북 만들 때 고려할 사항

» 어떻게 하면 더 철저하게 파고들면서 조사할 수 있을까?

» 어디를 봐야 더 다양하게 조사할 수 있을까?

» 페이지 레이아웃과 구성이 본인의 디자인 미학을 잘 드러내는가?

» 내용을 잘 모르는 사람이 봐도 메시지가 정확한가?

» 자료가 본인의 창작 본능을 충분히 자극하는가?

» 어떻게 편집을 하고 추가 자료를 더해 조사한 자료들이 더욱 명확히 눈에 들어오도록 할 것인가?

» 리서치를 통해 새로운 분야의 실험으로 이어질까?

» 이미지를 선택할 때 반복되는 테마나 모티프가 있는가?

컬렉션 스크랩 ←↑

영감 스크랩북은 독창적인 아이디어를 불러일으키는 것이라면 무엇이든 담는 저장고로 쓰인다. 스크랩하기 전에 서로 비슷한 이미지를 배열해서 양면이 일관된 무드와 방향을 갖도록 한다.

UNIT 7

디자인 고려 사항

모티프, 실루엣, 원단을 통해 융합을 이뤄내는 과정에서 디자이너는 컬렉션의 지향점과 방향에 대해 확신을 갖게 되며, 이런 융합을 이루는 방법은 다양하다.

모티프

모티프는 컬렉션에서 종종 반복되며 통일성을 만드는 요소다. 특정한 형태가 될 수도 있으며 콘셉트, 심지어 물리적 요소도 모티프가 될 수 있다. 모티프는 시각적으로 통일성을 부여하며 관객들에게 서사적인 감정을 불러일으킨다. 디자이너들은 컬렉션에서 다양한 방식으로 모티프를 사용하여 단조롭고 지루한 반복을 피하려고 한다.

나비 날개의 복잡한 문양, 모로코 타일 아트, 앙리 마티스의 종이 오리기, 자하 하디드의 건축 모두가 형태에 기반한 모티프의 예이며 각각의 형태 스타일과 연관되는 컬러 팔레트는 풍성한 자료가 된다.

모티프로 하나가 되다 ↓

모티프를 강력한 디자인의 기반으로 삼아 광범위하고 상품 구성이 잘된 컬렉션을 전개한다. 이 컬렉션의 원형 모티프는 위치, 비율, 구성을 다양하게 사용하여 시각적으로 강렬한 통일성이 보인다.

형태를 모티프로 사용하는 방법은 다음과 같다.

2D
- 솔기 형태/디테일
- 질감과 인타르시아를 통한 스웨터 스티치
- 컬러와 블록 형태를 통한 비즈 레이아웃
- 전면 인쇄 혹은 그래픽 인쇄
- 자수
- 비즈 레이아웃
- 인세트
- 상침

3D
- 의복 실루엣
- 포켓과 포켓 플랩 형태
- 칼라와 라펠
- 아플리케
- 단의 모양
- 소맷부리와 플라켓 디자인
- 안팎의 공간을 위한 컷아웃과 오프닝
- 부자재(단추나 지퍼 손잡이)
- 액세서리

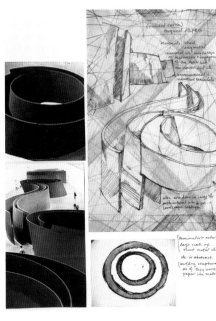

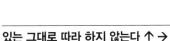

있는 그대로 따라 하지 않는다 ↑ →

리차드 세라의 조각에서 미묘한 영감을 얻어 이번 컬렉션의 원 형태가 탄생했다. 디자인할 때 여러분이 받은 영감과 리서치를 통해 단순히 있는 그대로 카피하는 것이 아니라, 어떻게 하면 혁신적인 디자인을 할 수 있을지 고민해본다.

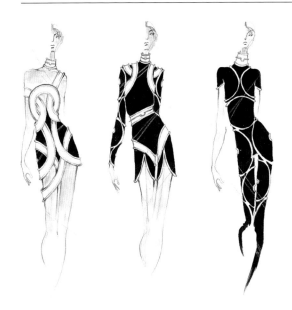

작품에서 모티프 사용하기

» 룩마다 모티프의 비율을 다르게 사용한다.

» 모티프를 인체의 다른 부위에 사용하여 관객의 눈을 움직이도록 한다.

» 컬러를 다양하게 활용하여 모티프를 사용한다. 예를 들어 보색, 여러 가지 색 혹은 색을 사용하지 않는 프린트를 쓰거나 솔기 형태 혹은 원단으로 아플리케를 하는 방식 등을 이용한다.

» 모티프를 질감으로 표현한다. 예를 들어 기본 스티치가 되어 있는 스웨터에 도드라진 형태로 스티치를 하여 대비되어 보이도록 하는 것이다.

» 입체적인 형태, 프린트나 그래픽 등 외곽선을 모티프로 활용한다.

» 모티프를 사용하는 새로운 방식을 개발하여 컬렉션에 입체적이고 풍성한 디자인을 제시한다.

컬러

컬러는 컬렉션에서 첫인상을 결정하는 경우가 많다. 컬러는 감정적이다. 예술의 역사를 참고해본다면 컬러를 통해 무드와 메시지가 얼마나 강렬하게 전달되는지 알 수 있다. 클로드 모네의 부드러운 파스텔화, 앙리 마티스의 채도가 높은 밝은 색감, 프란츠 클라인의 과감한 그래픽을 볼 때 어떤 느낌인가? 예술가들은 항상 컬러를 사용해 감정을 강조하고 정의했으며 디자이너들도 마찬가지다.

드리스 반 노튼이나 마르니 같은 디자이너들은 단순한 형태를 사용하여 직물과 그래픽 디자인에서 컬러 마법을 보조적으로 단순하게 사용하는 반면 캘빈 클라인의 프란치스코 코스타 같은 디자이너는 더 조화로운 컬러 팔레트를 사용해 구성과 디테일을 더 강조한다. 레이 가와쿠보나 요지 야마모토 등은 매 시즌 같은 컬러(검은색, 하얀색)를 사용해 메시지를 중화시키고 혁신을 탐구하며 예술적인 발전을 한층 더 진화시킨다.

원단, 컬러, 실루엣이 조화롭게 어우러지는 예는 이브닝웨어에서 자주 발견할 수 있다. 어떤 디자이너는 온통 비즈가 달린 원단이나 여러 가지 컬러의 원단을 사용할 수 있고, 어떤 디자이너는 블랙 한 가지 색 원단만 사용하고 싶을 수 있다. 끈이 없는 시스 드레스는 비즈 원단에 가장 잘 어울릴 수 있고, 단순한 블랙 원단, 예를 들어 블랙 캔버스 원단으로는 실루엣이 더 강조된 디자인에 적합할 수 있는 것이다. 한 가지 돋보이는 특징을 강조하고 나머지 요소는 보조적인 역할을 하도록 둔다.

디지털의 발견 ↓

디지털 디자인 프로그램은 창작의 과정에서 디자인 옵션을 빠르게 제시한다. 컬러웨이나 원단 프린트를 쉽고 효과적으로 만들 수 있고 다음 단계로 넘어가기 전 최적의 정답을 찾을 수 있게 도와준다.

무드와 컬러

옵션을 탐구하고 선택의 이유를 이해할 수 있도록 스스로 기본적인 질문을 던져본다.

» 작품을 봤을 때 어떤 기분인가?
» 컬러 비율은 어느 정도이며 감정은 어떻게 도출되는가?
» 예술 작품을 얼마나 사용해서 무드를 전달하는가?
» 컬러 팔레트의 관계나 그래픽, 톤을 사용해서 어떻게 무드를 바꿀 수 있는가?
» 컬러나 형태로 디자이너가 하고 싶은 말은 무엇인가?
» 다른 물감을 썼다면 무드는 어떻게 바뀌었을까? 더 조절하기 쉬웠을까? 더 즉흥적인 결과가 나왔을까?
» 예술 작품이 두 배 더 크거나 더 작으면 감정이 변할 것인가? 그 이유는 무엇일까?

NANETTE THORNE

6~8개의 '룩(혹은 아웃 핏)'을 위한 성공적인 원단 스토리 캡슐 컬렉션은 다음과 같을 수 있다.

- 2~3가지 코팅 원단
- 2~3벌 수트/재킷
- 2~3벌 셔츠/블라우스
- 2~4벌 스웨터/저지
- 2~4가지 원단 신제품

질감과 형태

영감, 디자인, 미학을 잘 섞기 위해서는 상품 기획이 잘된 원단 스토리가 필수적이다. 원단은 컬렉션에서 뼈대의 역할이다. 단순히 옷의 실루엣을 만들기도 하고 디자인의 주요 '목소리'를 담당하기도 한다.

균형이 잘 잡힌 컬렉션은 원단 무게와 질감의 배열과 극단성이라는 특징을 가지고 있다. 다양성을 통해서 테일러링이나 조형적인 실루엣부터 흘러내리고 유기적인 실루엣까지 달라질 수 있는 것이다. 여러 가지 무게의 원단으로 패션쇼의 순서가 정해지기도 한다. 테일러링이 강하고 단색의 실루엣이 먼저 등장하고, 다음에 실루엣이 강조되고 질감과 그래픽이 살아 있는 룩이 나오며, 칵테일/이브닝웨어가 마지막으로 등장하면서 극단적인 실루엣, 컬러, 질감, 광택, 혹은 이 모든 게 합쳐져서 관객들이 '와!'라고 함성을 지를 수 있게 되는 것이다. 쇼의 마지막에 찍는 '감탄 부호'인 셈이다.

원단과 실루엣은 디자인에서 같은 비율로 다루면 안 된다. 항상 한쪽이 압도적이고 나머지는 보조적인 역할을 해야 한다. 그렇지 않으면 서로 관심을 분산시킨다.

원단과 형태 사용에서 가장 중요한 법칙은 원단을 억지로 사용하지 않는 것이다. 원단의 자연스러운 성질에 맞게 사용하고 그 특성을 드러내도록 한다. 원단이 샤르뫼즈처럼 광택이 있다면 볼륨을 살리고 늘어뜨려 빛이 반사되어 빛나도록 한다. 만약 시폰처럼 가볍고 투명하다면 공기를 채운 듯이 볼륨감 있게 실루엣을 만들어 가벼운 느낌을 극대화시킨다. 디자인 전에 형태에 맞는 원단을 고민할 때는 원단 가게에 가서 롤의 원단을 직접 보면 그 볼륨감, 드레이프성, 구성에 대한 느낌을 받을 수 있다.

직물의 배치 ↖

왼쪽의 원단 스토리를 이용해 이 그룹을 만들면서 실루엣, 패턴 사용, 원단 배치까지 잘 고려했다. 원단 무게와 패턴의 크기를 적절히 조절해 형태와 조화를 이룬다면 디자인의 의도가 잘 표현되는 것이다.

원단을 다룰 때 다음의 기본 가이드라인을 따른다

» 카테고리별로 원단 무게/질감을 달리 한다.
» 무지, 패턴, 인쇄 원단을 선택해서 사용한다.
» 원단을 카테고리별로 정리해서 충분히 보유하고 있는지 확인하고 원단을 왼쪽에서 오른쪽으로 정렬한 뒤 컬러와 질감, 흐름과 균형을 살펴본다.

질감으로 살리기 ←

컬러 관계가 복잡하지 않다면 다양한 질감, 원단 무게, 그래픽 비율을 통해서 동적인 흥미를 불러일으킨다. 여기에서는 스트라이프 모티프를 다양한 질감의 스와치를 통해 선보이고 있다.

원단 무게와 형태의 만남 ←

맨 왼쪽의 원단 스토리를 이용해 이 그룹을 만들 때 실루엣, 패턴 사용, 원단 위치까지도 고려했다. 적절한 무게와 패턴 비율을 적당한 형태와 조합하면 디자인 의도가 실현된다.

형태가 먼저다 ↘

이 컬렉션에는 단조로운 톤의 컬러를 사용해 혁신적이고 조형적인 의복 구성을 선보이고 있다. 형태가 디자인의 핵심이라면 질감과 컬러는 조연으로 물러나야 한다.

UNIT 8

패션 디자인과 영감

건축, 에스닉 스타일, 시대 의상, 예술, 자연,
테크놀로지까지 모두 디자이너에게 영감을 준다.

역사 속 패션

디자이너가 영감을 얻기 위해 쓰는 가장 흔한 테마 중 하나는 아마도 역사적 의상일 것이다. 시대에 따른 실루엣, 디테일, 원단, 마감 기법, 심지어 특정 시대의 특정한 문화적 사고까지도 컬렉션 준비에 사용하는 재료가 될 수 있다. 패션의 역사 부분(14~15p 참조)에서 사회에서 일어났던 진화와 혁명, 그리고 그것이 드레스, 실루엣, 원단, 색, 내구성, 심지어 패션에 대한 접근성에 끼친 영향까지도 설명했다.

시대 의상을 오늘날 패션 시장에 맞는 디자인에 적용할 수 있는 이유로 주제의 즉각성이 있다. 컬러, 원단, 실루엣처럼 바로 사용할 수 있는 재료 때문이다. 또 하나는 오늘날과는 판이하게 다른 맥락이다. 20세기 이전의 패션이 특히 그렇다. 그래서 디자이너들은 매우 독특하고도 개인적인 방식으로 시대를 해석할 수 있다. 예를 들어 베르사체나 랄프 로렌처럼 추구하는 미학이 다른 디자이너들이 19세기 말의 장식이 화려했던 벨 에포크 시대를 어떻게 해석할까? 원단은 얼마나 달라질까? 색은? 실루엣은? 질감은?

건축

건축에서 받은 영감으로 디자이너들은 스타일, 시대, 색, 형태, 질감, 콘셉트, 목표에 대해 무궁무진한 자료를 얻는다. 화려한 장식의 바로크 시대와 경제적으로 융성했던 프랑스를 대표하는 베르사유 궁전 같은 극단적인 건축 스타일부터 바우하우스의 이념과 아이콘이 되는 건축물의 예가 되는, 순수한 기하학적 형태와 절제된 장식으로 유명한 필립 존슨의 글래스 하우스를 통해서 건축가가 제시했던 매우 순수한 시각이 물리적이고 개념적인 측면에서 모두 패션으로 해석될 수 있다.

빅밴드 스윙 시대 ↑

현대적 원단과 기법을 역사적 실루엣에 적용하면 오늘날의 패션이 한층 진화한다. 디자이너가 특정한 시기를 소재로 삼을 수 있지만 있는 그대로 재연하면 소비자를 유인할 수 없다.

실질적인 고려 사항

» 여러분이 리서치하고 있는 시대 외에 다른 스타일에 대해서도 잘 알고 있어야 한다. 예를 들어 1960년대에는 피에르 가르뎅과 앙드레 쿠레주의 '우주 시대' 패션이 유행했지만 질감이나 패턴이 더 강조된 히피 패션도 유행했다.

» 그 시대의 우상에 대해 잘 알아야 한다. 그들의 화려한 개성을 컬렉션 무드에 대한 기초로 사용할 수 있다(112~113p의 ASSIGNMENT 3을 참조).

» 수십 년이 지나도 유사성이 있으며 그런 유행을 이끌었던 사회적 힘에 주목한다. 예를 들어 1920년대와 1960년대 런던의 패션이 비슷한 것은 청년 문화 중심이었기 때문이다. 곡선이 적고 보이시한 실루엣을 이상으로 삼았고 매끈한 선, 무심한 태도는 시대를 넘어 젊은 세대의 상징이었다.

» 오늘날의 니즈, 갈망, 소비자 수요에 맞게 적용한다. 다만, 있는 그대로 적용하면 코스튬처럼 보이거나 소비자의 니즈를 무시한 것이 될 수 있다.

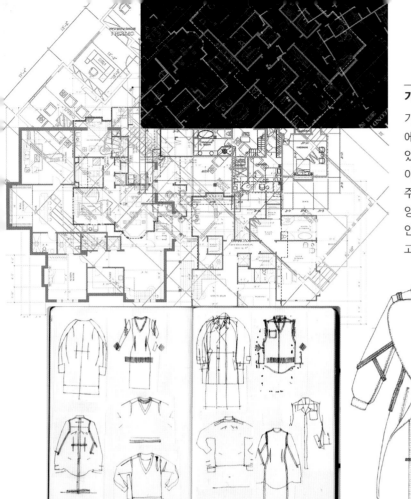

기억의 스케치 ↙

기억을 기반으로 한 컬렉션에서 건축물 청사진은 재미있고 추상적인 인쇄 디자인이 된다. 디자이너가 한때 거주했던 여러 집의 건축 드로잉을 겹쳐 놓아 집, 기억, 개인사에 대한 생각을 전달하고 있다.

영감의 추상화 ←

디자이너들은 받은 영감을 매우 개인적으로 해석하여 풀어내어 혁신적인 작품을 개발한다. 이 컬렉션은 건축의 콘셉트를 연구해 옷을 구성함으로써 독특한 형태를 만들었다.

실질적 고려 사항

건축에서 영감을 얻어 디자인할 때는 다음의 실체적, 개념적 요소를 고려한다.

실체적 요소

» 컬러 팔레트는 무엇인가?
» 강조색은 어떻게 사용되는가?
» 안과 겉의 질감은 무엇인가? 어떻게 어울리는가?
» 큰 디테일과 작은 디테일은 무엇인가?
» 선은 어떻게 사용되는가?
» 선이 2차원적, 3차원적으로 어떻게 연결되는가?
» 어떻게 형태가 사용되고 그 형태들은 어떤 관계인가?
» 빛은 어떻게 통합되고 생략되는가?
» 무슨 종류의 빈 공간이 생기는가?

개념적 요소

» 이 빌딩은 어떻게 문화를 반영하는가?
» 지역 사회에서 그 구조의 콘셉트와 메시지는 무엇인가?
» 형태의 디자인은 건축을 어떻게 발전시켰나?
» 형태는 기능과 어떤 관계인가?
» 그 공간 안에 있을 때와 밖에 있을 때 기분은 어떤가?
» 그 구조가 사회와 어울리는가? 아니면 도전적인가?
» 건축물이 주변 환경에 어떻게 어우러지는가? 잘 융합되는가?
» 건물에 대한 건축가의 콘셉트는 컬렉션에 대한 여러분의 콘셉트에 어떠한 역할을 하는가?

공예품

공예품은 보통 실용적인 쓰임새를 위해서 만들어진 역사, 문화적 인공물이지만 이 인공물이 만들어진 시기를 자세히 묘사할 뿐 아니라 문화적으로 그 사회를 대표하는 예술의 형태가 될 수도 있다. 미국 원주민의 장식이 화려한 바구니와 그림이 그려진 도자기부터 20세기 초 미국의 예술 및 공예 운동에 의해 탄생한 가구, 데일 치홀리의 현대 유리 공예까지 공예품은 어떤 공동체(community)를 규정하고 윤택하게 하는 예술적 표현이며 기교의 산물이다.

명확한 일관성 ↙↑

일관된 컬렉션을 성공적으로 선보이기 위해서 한 가지의 모티프를 다양한 방식으로 사용하는 것보다 좋은 방법은 없다. 반복되는 형태와 강조 등 루트비히 샤프라스에게서 영감을 받은 이 컬렉션은 일관적이다.

이들 공예품은 어떤 문화나 시기에서든 흔하게 발견된다.

- 바구니
- 직조 및 직물 공예
- 토기 및 사기
- 가구 디자인/공예품
- 금속 공예품
- 섬유 공예품
- 바느질 공예품
- 유리 공예품

실질적 고려 사항

영감을 얻기 위해 특정한 공예를 리서치할 때 한 사회의 역사와 패션사가 서로 어떻게 영향을 주고받는지 이해하는 것은 도움이 된다. 디자인의 모든 형태는 만들어지는 당시의 시대 분위기와 연결되어 있기 때문이다. 예를 들어 1960년대 우주 탐험에 대한 흥미와 발견이 간결한 선, 유기적이고 심플한 형태의 패션과 상품 디자인으로 이어졌다. 디자인 과정에 리서치한 결과를 적용할 때 다음의 질문을 고려해본다.

» 공예품의 생산 방식이 디자인에 어떻게 영향을 미치는가?
» 컬러와 질감으로 원단 선택에 어떤 영향을 주는가?
» 여러분의 영감에 영향을 주고 디자인 과정에 도움이 될 만한 독특한 문화 혹은 사회적 측면이 있는가?
» 여러분의 공예품에 다문화가 혼재되어 있다면 역사 혹은 문화적 독자성이 어떤 방식으로 융합되어 상징성을 재규정하는 결과를 만들 수 있는가?
» 공예의 실용적인 측면이 디자인 결정에 콘셉트로서 어떤 연관이 있을까?
» 공예의 형태가 여러분이 참고하는 특정 문화 안에서 역사적으로 진화했다면, 변화를 추구하는 아이디어는 컬렉션과 디자인 개발에 어떤 영향을 줄까?

테마 장식 ↑

영감의 원천이 그래픽이면 원단 프린트, 질감, 장식을 성공적으로 개발할 수 있다. 다양한 비율, 컬러 관계, 원단 무게, 질감을 통해 모티프 개발을 극대화할 수 있다.

민속 의상

민속 의상은 디자인을 위한 다양하고 풍부한 영감의 보고다. 지역 의복의 역사와 그 사회의 독특함은 디자인 뒤에 담긴 정치적, 종교적, 사회적 식별 같은 의미를 제공한다. 서로 비슷해 보이는 문화 안에서도 의복을 통해 지리적이며 문화적인 경계를 구별하고자 하며 각각의 공동체는 국가적 자부심을 느낀다.

사무라이 갑옷, 전통 티베트 직물, 토착 아마존 부족의 신체 장식 같은 전통 민속 의상이 주는 '무대 의상' 같은 측면은 디자이너에게 생각해볼 만한 시각적 자료의 보고가 되는 셈이지만 얻은 자료를 토대로 자신만의 감성으로 충만한 디자인을 했을 때 오늘날의 현대적인 패션 디자인과 맞지 않는 경우도 많다. 문화의 전용이라는 아이디어에 대해 아래의 글을 참조해서, 여러분이 작품을 만들 때 소수 커뮤니티의 문화적 유산을 사용하는 데 조심스러워야 한다는 점을 인식할 필요가 있다.

원천 문화에 대한 예의 ←

오스클렌의 오스카 메치바트는 아마존에서 아샤닌카 부족을 만난 뒤 이 컬렉션을 기획했다. 부족과 계약을 맺었고 학교, 땅을 비롯한 여타 자원에 투자가 이루어졌다.

문화 전용

문화 전용은 지적 재산, 전통 지식, 물건을 비롯한 여러 가지 문화적 표현의 형태를 그 문화 주인 동의 없이 사용하는 것으로 알려져 있다. 외부인이 취해가는 문화의 형태에는 의복, 종교의식, 춤, 음악, 상징, 음식, 민속 문화가 있다. 문화 전유는 부정적으로 받아들여지는 편이다. 보통 문명이 덜 발달한 소수 민족의 문화를 더 선진화된 우세 민족이 문화 본래의 맥락을 무시하고 마음대로 사용하기 때문이다. 문화 전용에 관해서는 의견이 엇갈린다. 문화 전용은 착취 관행이며 커뮤니티 간의 권력 불평등을 영속시키고 전용당하는 문화는 무시당하고 페티시즘의 대상이 되며 문화 주인들이 배제되는 효과를 낳는다고 보는 사람도 있다. 반면에 문화 전용이란 세계화처럼 피할 수 없고 존경심을 갖고 훌륭하게 진행된다면 긍정적인 측면도 있다는 의견도 있다. 아이디어의 교류와 예술 및 지적 자유를 토대로 다문화를 즐기며 현대 사회를 사는 기쁨이 될 수도 있다는 것이다. 여러분이 창작 작품에 차용할 때는 원천 문화의 맥락과 그 소속 커뮤니티를 이해하고 존중하는 것이 중요하다. 문화는 유동적이지만 디자이너로서 우리는 어떤 커뮤니티든 모두에게 세심하고 예의 바르고 배려 있게 행동해야 할 책임이 있다.

실질적 고려 사항

민속 의상을 조사할 때는 컬러, 질감, 모티프, 실루엣을 살펴보며 그 의상이 가진 상징성은 무엇이며, 어떤 것이 그 문화의 독특함을 나타내는지를 중점적으로 살핀다.

» 그 문화의 라이프 스타일은 어떠한가?

» 독특한 프린트, 패턴, 자수는 그 문화의 미학을 잘 보여주는가?

» 어떤 원단 가공과 염색 기법이 사용됐는가?

» 실루엣과 옷의 구조는 어떠한가?

» 장식, 마감, 부자재는 어떠한가?

» 어떤 액세서리를 사용했고 그 문화에서 액세서리가 갖는 목적성은 무엇인가?

» 해당 문화에서 이 의상이 독특하고 상징성을 나타내는 원인은 무엇인가?

» 의복 고유의 목적성을 바꿀 계획인가? 그렇다면 원래 목적성에 추가하고 소중히 다루겠는가?

스트리트

스트리트 패션은 1960년대 유명해지기 시작했다. 디자이너들은 당시 긴장감이 고조되던 정치적 분위기와 사회 변화를 표현하고자 했다. 젊은 세대를 타깃으로 이브 생 로랑 같은 디자이너들은 더 저렴한 기성복 컬렉션을 론칭하여 실용적인 용도로 제작되었던 스타일을 재해석하였다. 이브 생 로랑의 아이코닉한 사파리 셔츠(아래 참조)가 그 예다. 이런 종류의 '접근 가능한' 패션도 디자이너 가격대에서 출시되고 인기를 얻으면서 새롭게 등장한 패셔너블한 유스퀘이크 세대는 기존의 부모 세대가 점유했고 본인들이 의문을 품고 반항했던 엄격한 패션계에서 소외되는 느낌을 더 이상 받지 않았다. 오늘날 디자이너들은 스트리트 패션을 참고하여 젊음에 열광하는 소비자들에게 걸맞은 이미지와 아이디어를 차용하기도 한다. 스트리트 감성의 영감이 가득한 대표적인 디자이너 비비안 웨스트우드는 1970~1980년대의 펑크와 신(新)낭만주의를 재해석했다. 칼 라거펠트는 힙합의 상징을 도입해 샤넬의 전통적인 미학을 새로운 시각으로 해석했다. 마크 제이콥스는 다양한 컬렉션에서 스트리트 문화를 자유롭게 사용했다. 그중에서도 유명한 1993년 봄/여름 페리 엘리스 그런지 컬렉션은 당시 시애틀 음악씬을 기반으로 했으며, 디자인 하우스가 상징성이 있는 젊은 세대의 무드를 반영하려는 의도를 확실히 대변하는 것이었다.

그라피티 다이어리 ↑

도심의 그라피티에서 영감을 받은 이 컬렉션의 프린트는 디자이너 가족을 표현하는 자전적인 내용이었다. 프린트 디자인이 압도적일 때 실루엣과 구조는 가능한 단순화하여 서로 강조되지 않도록 한다.

이브 생 로랑 사파리 셔츠 →

스트리트 패션은 역사적, 사회적, 문화적 사고방식을 반영한다. 이브 생 로랑이 그의 컬렉션에서 사파리 셔츠 본을 딴 디자인을 선보이자 다른 디자이너들도 급부상하는 청년 문화의 사고방식을 디자인에 녹여내기 시작했다.

실질적 고려 사항

스트리트 문화를 반영할 때는 연상이 되게끔 차용하는 것이 중요하다. 있는 그대로 반영하는 것은 여러분이 받은 영감을 패러디하는 컬렉션이 되거나 현재 패션과 소비자 니즈를 반영하지 못할 가능성이 있다. 스트리트의 상징을 조사할 때 다음 콘셉트를 염두에 둔다.

» 소비자가 누군지 생각해본다. 1980년대의 '뉴 웨이브' 무드는 그 시기를 보냈던 누군가에게는 추억이 연상될 수 있지만 1980년대에 태어나지도 않은 사람들에게는 그렇지 않다.

» 지역과 콘셉트를 전달할 수 있는 상징이나 시각적 단서를 찾는다.

» 조사한 지역 의상의 콘텍스트와 목적을 분석한다.

» 이 스타일을 따르는 패션 '부족(tribe)'에 집중하고 그들의 인구 데이터를 분석한다.

» '부족'의 물리적 공간을 특정함으로써 어떻게 분위기를 한층 더 올리고, 모티프, 프린트, 컬러 관계, 질감, 원단을 통해 디자인할 수 있는지 연구한다.

» 당신이 조사한 시각적 단서를 오늘날 패션의 맥락에 맞도록 해석한다.

» 이 집단이 가진 콘셉트나 이상의 어떤 점이 디자인 선택에 영향을 주는지 살펴본다.

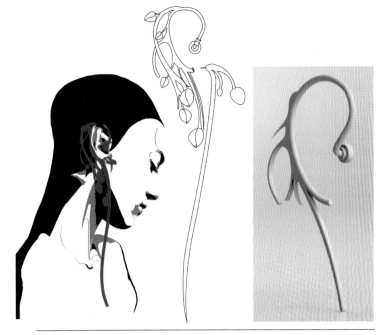

3D 기술 테스트 ↑

3D 프린팅 기술의 발전으로 디자이너들은 제작 전에 쉽고 빠르게 견본을 만들어 테스트해 볼 수 있게 되었다. 이렇게 이어폰을 프린팅해서 디자이너들은 형태와 착용감을 살펴보고 사용자의 피드백도 받고 세밀하게 수정하여 성공적으로 디자인 완성품을 만들 수 있다.

혁신 기술

이 분야는 시간이 갈수록 패션에 무제한 적용이 가능하다는 점이 확실해진다. 혁신 기술 덕분에 디자이너들은 옷의 기능적인 면이나 제작 방식이 디자인을 획기적으로 바꿀 수 있는지, 겉보기에 관련 없어 보이는 기술 분야가 패션에 미학적으로 미치는 영향은 무엇인지에 대해 다시 생각하게 되었다.

혁신 기술을 패션 디자인에 적용할 수 있는 범위는 넓다. 날씨에 맞게 조절되는 스마트 직물, 착용 기술을 탑재한 옷, 인간 상태를 반영하는 콘셉트와 영감, 레이저 커팅 같은 디자인 디테일을 만드는 새로운 제작 방식, 패션을 제작하는 더 효율적이고 지속 가능한 방법의 매핑(mapping) 등이다.

후세인 샬라얀, 발렌시아가의 니콜라스 게스키에르 같은 디자이너들은 종종 이런 기술과 미래주의를 영감의 원천으로 삼는다. 게스키에르의 발렌시아가 2007년 봄 컬렉션에서는 여자와 기계의 조합을 그려냈으며, 샬라얀은 우리가 발명했지만 많은 점에서 우리의 능력을 넘어서는 기계 및 공정과 인간의 관계를 되짚어 보는 편이다.

실질적 고려 사항

패션 디자이너로서 스스로 이런 질문을 해보는 것이 유용할 수 있다. 기술이 인간의 정신과 미래에 어떤 영향을 줄까? 기술적인 영감이 어떤 특정 분야에 한정되지는 않는다는 것을 명심할 필요가 있다. 패션 디자인에서 기술의 맥락에 대해 다음 사항을 고려한다.

» 의복 제작 방식이 어떻게 새로운 디자인으로 연결될 수 있을까?
» 어떻게 하면 아직 패션과는 관련 없는 기술 분야를 도입해서 옷을 제작하고 디자인하는 등 옷에 적용할 수 있을까?
» 어떻게 기술을 적용해서 새로운 직물과 실루엣을 만들 수 있을까?
» 어떤 종류의 기술이 옷의 기능을 향상시킬 수 있을까?
» 기술의 물리적 측면과 미학을 어떻게 모티프, 컬러, 디자인에 이용할 수 있을까?
» 인간과 기술의 관계를 둘러싼 어떤 콘셉트가 컬렉션에 영향을 미칠 수 있을까?

원격 로봇 공학 ←

매우 이론적으로 패션에 적용하면서 기술에 접근하는 것은 두 개의 이질적인 세계를 종합하는 능력의 최대치를 보여주는 것이다. 후세인 샬라얀이 탐구하는 그런 극단적인 적용 방식은 언젠가 더 의미 있고 실용적인 결실을 맺을 것이다.

자연

자연에서 얻을 수 있는 영감과 시각적 재료는 무궁무진하다. 실제로 모든 컬러, 질감, 형태, 패턴이 자연에 존재하고, 자연이라는 영감은 컬렉션이 성공할 수 있는 가능성을 제공한다.

    자연에 영감을 얻어 건축가 프랭크 로이드 라이트는 미국 중서부 평지와 잘 어울리는 수평 건축물을 지었고 이사무 노구치는 가구와 세트를 디자인했다. 또한 산업화 이전 시대에 염색과 염료 성분에 의지해서 원단의 컬러 팔레트가 제작되었고 보석 디자이너 로버트 리 모리스도 유물 같은 장신구를 만들었다.

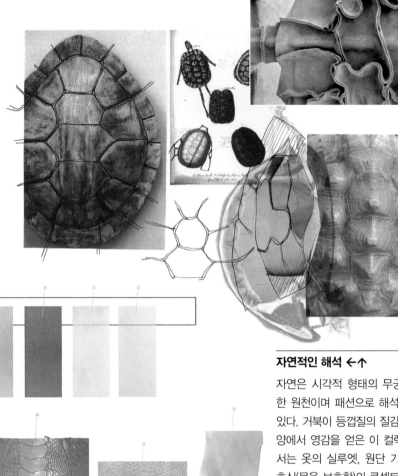

자연적인 해석 ←↑

자연은 시각적 형태의 무궁무진한 원천이며 패션으로 해석할 수 있다. 거북이 등껍질의 질감과 모양에서 영감을 얻은 이 컬렉션에서는 옷의 실루엣, 원단 가공법, 호신(몸을 보호함)의 콘셉트를 제시한다.

디테일 가공 →

컬렉션의 단일성을 위해 주요 모티프의 가공 방식을 달리해서 적용한다. 이 라인업을 보면 유기적인 솔기 모티프는 재미있으면서도 눈에 띄는데, 다른 컬러의 조합, 비율, 형태, 봉제 방법 때문이다.

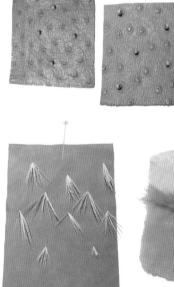

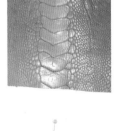

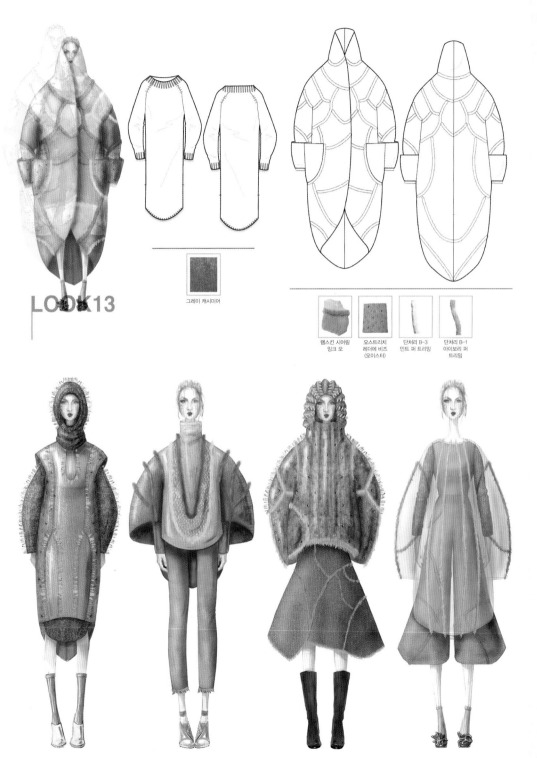

LOOK13

그레이 캐시미어

램스킨 시어링
밍크 모

오스트리치
레더에 비즈
(오이스터)

단처리 B-3
민트 퍼 트리밍

단처리 B-1
아이보리 퍼
트리밍

실질적인 고려 사항

자연이 둘러싼 모든 것을 감안해서 체계적인 조사가 필요하다.

» 익숙한 것만 사용하는 위험을 피하기 위해 도서관에서 시작한다.
» 일반적인 컬러 팔레트를 염두에 둔다.
» 초기 조사 방향이 어디서 어떻게 형태 및 컬러와 연관되는지 분석해본다. 방향과 방식이 산재해 있다면 한곳으로 모아 모티프, 컬러, 질감, 실루엣에서 디자인 영감의 독특한 관점과 무드를 드러내도록 한다.
» 실루엣을 개발할 때 소비자와 디자인 영감의 관계를 고려해본다. 실루엣에서 자연의 형태가 얼마나 남아 있어야 하는지 맥락을 생각한다.
» 컬러 관계가 조사 결과대로 독특한 개성과 특성을 잘 드러내는지 고려한다. 조사한 컬러 구성이 프린트, 질감, 원단 가공, 모티프, 의복 구성, 레이어드 아이템 같은 디자인을 결정하는 데 어떤 역할을 하는지도 확인한다.
» 테마를 제대로 전달하기 위해서 영감의 원천을 조사한다. 그 분야에 구체적인 맥락의 요소를 담는다면 디자인은 명확해질 뿐 아니라 컬렉션의 의미도 더 깊어지는 것을 확인할 수 있다.

영화와 대중문화

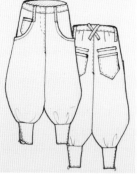

1960년대 이후 영화와 대중문화는 밀접한 관계였다. 영화 〈마돈나의 수잔을 찾아서〉를 통해 전 세계 청소년들은 뉴욕의 로어 이스트 사이드 스타일을 보았고, 리처드 기어 주연의 〈아메리칸 지골로〉로 그의 팬들은 아르마니 디자인의 부드러운 컬러톤에 매료되었으며, 〈섹스 앤 더 시티〉는 성공한 직장 여성들과 디자이너 브랜드의 끈끈함을 그려내고 있다. 이런 영화는 할리우드와 매디슨 애비뉴*가 기획하고 마케팅한 스타일 파워를 보여주며 전 세계적으로 '워너비' 군단을 만들어냈다.

대중문화는 캣워크**에서도 환호를 받았다. 많은 디자이너들은 할리우드 스타를 따라 하고 싶은 대중들의 영향으로 스타일을 전환했다. 어떤 디자인 브랜드는 아카데미 시상식 레드카펫에 등장한 드레스를 풀어낸 디자인을 꾸준히 선보여 소비자들이 특정 여배우와 동질감을 느낄 수 있도록 함으로써 꾸준한 팬덤을 몰고 다닌다. 또 다른 디자이너 브랜드는 독창성 때문이 아니라 그 옷을 입는 스타 때문에 유명해지기도 한다.

* 뉴욕시의 광고 회사 중심가로 광고업계를 뜻한다.
** 패션쇼, 패션업계

초현실적인 영화 →

영화 〈블레이드 러너〉는 전혀 다른 패션의 시대를 섞어서 꿈과 같은 아우라를 만들어낸 예이다. 1940년대의 헤어스타일과 미래적인 디자인 요소를 나란히 사용해 영화의 극적인 디스토피아 분위기를 강조했다.

실질적인 고려 사항

영화나 대중문화를 영감으로 사용할 경우, 상징적으로 보이는 스타일링을 고려한다.

» 컬러 선택, 조명, 소품, 배경을 비롯한 다양한 시각적 단서를 연구해서 특정한 무드를 찾고 조사 대상이 될 분야를 정해서 발전시켜 나간다.

은막의 아이콘 ↑

시대 의상, 기발한 매력, 현대적인 비율 모두가 뒤섞여 찰리 채플린의 영화 〈리틀 트램프〉에 근거한 컬렉션이 전개되었다. 그 캐릭터의 엉뚱함에서 영향을 받아 이번 컬렉션의 독특한 비율과 구성이 탄생했다.

가장 상징적인 영화들

〈카사블랑카〉 1942, 험프리 보가트
〈이브의 모든 것〉 1950, 베티 데이비스
〈이유 없는 반항〉 1955, 제임스 딘
〈화니 페이스〉 1957, 오드리 헵번
〈티파니에서 아침을〉 1961, 오드리 헵번
〈지난해 마리앙바드에서〉 1961, 델핀 세리그
〈닥터 지바고〉 1965, 오마르 샤리프, 줄리 크리스티
〈욕망〉 1966, 바네사 레드그레이브
〈우리에게 내일은 없다〉 1967, 페이 더너웨이
〈세브린느〉 1967, 카트린느 드뇌브
〈인형의 계곡〉 1967, 바바라 파킨스, 패티 듀크
〈러브스토리〉 1970, 알리 맥그로우, 라이언 오닐
〈위대한 개츠비〉 1974, 로버트 레드포드, 미아 패로우
〈그레이 가든〉 1975, 에디스 '리틀 에디' 부비에 빌
〈토요일 밤의 열기〉 1977, 존 트라볼타
〈공포의 눈〉 1978, 페이 더너웨이
〈그리스〉 1978, 존 트라볼타, 올리비아 뉴튼존

〈아메리칸 지골로〉 1980, 리차드 기어
〈블레이드 러너〉 1982, 해리슨 포드, 대릴 한나
〈마돈나의 수잔을 찾아서〉 1985, 마돈나
〈아웃 오브 아프리카〉 1985, 메릴 스트립, 로버트 레드포드
〈위험한 관계〉 1988, 존 말코비치, 글렌 클로즈
〈도시와 옷에 놓인 노트〉 1989, 요지 야마모토
〈파리는 불타고 있다〉 1990, 파리 듀프리, 앙드레 크리티스앙
〈언지프〉 1995, 아이작 미즈라히
〈리플리〉 1999, 주드 로, 맷 데이먼, 기네스 팰트로
〈로열 테넌바움〉 2001, 기네스 팰트로, 안젤리카 휴스턴, 진 해크먼
〈마리 앙투아네트〉 2006, 커스틴 던스트
〈악마는 프라다를 입는다〉 2006, 메릴 스트립, 앤 해서웨이
〈셉템버 이슈〉 2009, 안나 윈투어

〈싱글맨〉 2009, 콜린 퍼스, 줄리안 무어
〈패션 여제, 다이애나 브릴랜드〉 2011, 다이애나 브릴랜드
〈디오르와 나〉 2014, 라프 시몬스
〈제레미 스캇: 대중의 디자이너〉 2015, 제레미 스캇
〈더 트루 코스트〉 2015, 앤드류 모건
〈프레시 드레스드〉 2015, 데이먼 대쉬, 안드레 레옹 탈리, 퍼렐 윌리엄스
〈드리스 컬렉션〉 2017, 드리스 반 노튼
〈팬텀 스레드〉 2017, 다니엘 데이 루이스, 레슬리 맨빌, 비키 크리엡스
〈맥퀸〉 2018, 알렉산더 맥퀸
〈마르지엘라〉 2019, 마틴 마르지엘라, 장 폴 고티에, 카린 로이펠드
〈홀스턴〉 2019, 홀스턴, 라이자 미넬리
〈크루엘라〉 2021, 엠마 스톤, 엠마 톰슨
〈하우스 오브 구찌〉 2021, 레이디 가가, 알 파치노

지속 가능성과 디자인

지속 가능성은 디자인 방법, 제작 과정, 소비자 경험 등 다양한 방식으로 디자인에 영향을 미치고 있다. 지속 가능성을 위한 이니셔티브는 다음과 같다.

- 제로 웨이스트 패턴 제작은 디자인과 패턴 과정에서 잘린 원단을 모두 사용하는 것이다.
- 주문 제작 방식, 솔기 없는 옷 제작, 인체 스캔 기술은 재료 낭비를 줄인다.
- 다기능성을 확대하여 옷 하나를 다용도로 사용하고 '트랜스포머'라고 부르는 모듈 의복을 통해서 과도한 소비를 줄인다.
- 업사이클링을 통해서 재고, 과잉 제작, 폐기 상품을 다시 디자인하여 새롭고 갖고 싶은 상품으로 만든다.
- 고품질과 유행을 타지 않는 디자인으로 옷의 수명을 대폭 늘릴 수 있다.
- 렌트 서비스와 옷 교환 이벤트로 소비자 단계에서 지속 가능성을 더 높인다.

제로 웨이스트 디자인 ↑→

공학적으로 재단하고 주름을 잡아 단순한 원을 매우 볼륨감 있게 만들었으며 동시에 원단 낭비도 줄였다.

UNIT 9

컬러

컬러의 역사, 문화, 심리학은 매우 복잡하게 얽혀있다.

사회마다 컬러의 의미는 자연, 종교, 정치, 순수한 감정으로 나뉜다. 때로 의미는 문화별로 독특하게 정의 내리며 상징성이 달라질 수 있다. 예를 들어 빨간색은 중국 문화에서는 행운과 번영을 뜻하지만 서구 사회에서는 거리 표지판에 사용할 때 위험을 뜻한다. 애도를 나타내는 색은 이집트에서는 노란색, 미국에서는 검은색, 이란에서는 파란색, 남아프리카에서는 빨간색, 태국에서는 자주색이다.

오늘날 색에서 연상되는 것은 역사와 뿌리 깊이 관련이 있다. 파란색은 고대 로마의 하급 관리가 입었던 색으로 오늘날 경찰 유니폼에 사용되고 있다. 자주색은 왕족의 색으로 여겨졌다. 고대에 제정된 사치 금지령 때문이었다. 이 법은 오직 귀족만이 그 값비싼 색을 입도록 허용하였다. 지중해에 사는 조개에서 추출하는데, 이는 돈이 많이 들었기 때문이다.

단일색뿐 아니라 여러 가지 색 조합 역시 문화적인 의미가 있다. 빨간색과 녹색은 오랫동안 휴일을 상징한다. 빨간색, 흰색, 파란색은 많은 문화에서 애국주의를 뜻하고 보수주의를 뜻하기도 한다. 빨간색, 주황색, 노란색, 갈색은 가을로 바뀌는 계절의 변화를 뜻한다. 흰색과 남색은 오랫동안 해양이라는 테마를 떠올리게 했다. 노란색과 빨간색의 조합은 식당에서 종종 사용되는데 심리적으로 고객들에게 허기를 느끼도록 하려는 것이다.

컬러 배치 ↗

디자이너들은 색을 사용해 컬렉션의 무드나 테마를 강조한다. 대담하고 입체적인 형태와 채도가 높은 색을 컬렉션에 사용하면서 구조적인 형태와 봉제선 디테일을 강조한다.

색에서 연상되는 의미

하얀색 순수, 항복, 진실, 평화, 결백, 단순함, 무균, 차가움, 죽음, 결혼(서양 문화), 탄생, 순결

검은색 지성, 반항, 신비, 현대성, 권력, 교양, 격식, 우아함, 사악함, 죽음, 날씬해 보이는 효과(패션), 오컬트

회색 고상함, 보수주의, 존경심, 지혜, 고령, 지루함, 둔감, 오염, 중립, 격식, 권태, 부패, 군대, 교육, 힘

빨간색 열정, 힘, 에너지, 섹스, 사랑, 로맨스, 속도, 위험, 분노, 혁명, 부(중국), 결혼(인도)

주황색 행복, 에너지, 균형, 열기, 열정, 장난기, 경고, 가을, 욕망, 낙관주의, 개신교, 풍요

노란색 기쁨, 행복, 여름, 비겁함, 질병, 위험, 탐욕, 여성성, 우정, 희망(전쟁 중에 노란 리본은 고향으로 돌아가고 싶은 군인의 희망을 상징한다)

녹색 자연, 풍요, 젊음, 미숙, 환경, 부, 관용, 질투, 질병, 탐욕, 성장, 건강, 안정, 진정, 새로운 시작

파란색 물, 대양, 평화, 화합, 평온함, 시원함, 자신감, 보수주의, 충성심, 신뢰도, 이상주의, 우울증, 슬픔

자주색 고귀함, 질투심, 귀족, 부러움, 영성, 창의성, 신비, 야시시함, 과장, 혼란스러움, 자만심, 불안정함

갈색 자연, 풍요로움, 소박함, 전통, 상스러움, 먼지, 흐림, 촌스러움, 오물, 무거움, 가난, 거칢, 땅, 위안

색 이론

색 이론의 기본을 배우면 아이디어나 콘셉트를 2차원이나 3차원의 형태로 펼칠 수 있는 단단한 기초를 얻는 셈이다. 디자이너들이 색의 과학을 고려해서 색 조합을 선정하는 것은 아니지만 최대한의 효과를 낼 수 있는 기본적인 조합을 아는 것은 중요하다. 디자인 일러스트에서 색이나 다른 재료를 섞을 때 특히 그렇다.

원색 빨간색, 노란색, 파란색. 이들 색은 다른 색이나 순색을 섞어서 만들 수 없다. 원색은 그 외 모든 색을 만들 때 사용한다.

중간색 초록색, 주황색, 자주색. 이 색은 원색 두 개를 섞으면 만들어진다.

3차색 노랑주황색, 주홍색, 자주색, 남색, 청록색, 연두색. 이 색은 원색과 중간색을 섞으면 만들어진다.

보색 빨간색/초록색, 주황색/파란색, 보라색/노란색. 색상환에서 서로 반대쪽에 있는 두 가지 색이다. 보색을 나란히 놓으면 선명함이 극대화된다.

유사색 12색상환에서 옆에 있는 색이다.

틴트(Tints) 하얀색과 섞인 색이다.

셰이드(Shades) 검은색과 섞인 색이다.

톤(Tone) 셰이드나 톤의 정도를 설명하는 일반적인 용어다.

색상(Hue) 특정 색의 그라데이션 혹은 여러 가지 버전의 색

고색(Patina) 색의 표면이나 질감에 에이징(aging) 효과

크로마(Chroma)/채도 회색 혼합 정도에 따른 색의 선명성

채도 색의 선명성과 농도

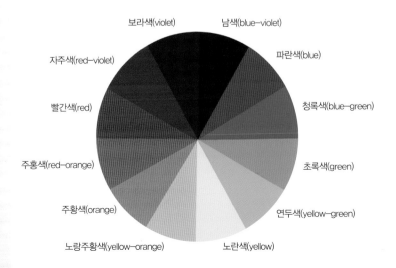

시즌 컬러

패션 디자이너들은 다른 시즌이나 출시에 사용되었던 색과 비슷한 컬러 팔레트를 고르려는 경향이 있다. 컬러는 실루엣, 원단, 질감과 더불어 시즌의 변화를 알리고 소비자의 구매욕을 불러일으킨다. 많은 디자이너들이 시즌별 특정 제품 라인에 맞춰 컬러 팔레트를 사용하며, 매대에서 한 제품 라인이 다른 제품 라인으로 넘어갈 때 색상 변화가 자연스럽게 이어지도록 신경 쓴다. 예를 들어 가을 첫 출시 상품에서 메인 컬러인 카멜과 차콜과 함께 사용된 악센트 컬러 루비레드가 두 번째 출시에도 악센트 컬러로 사용되며 메인 컬러가 된 네이비와 아이보리와 어우러질 수 있다.

컬러 패널 중에서 맨 오른쪽에 있는 컬러는 한 가지 예일 뿐이다. 트렌드, 타깃 시장, 시즌 안에서 출시 회수에 따라 다양하게 변할 수 있다. 예를 들어 주니어 의복 디자이너들은 그레이나 토프 같은 전통적인 가을 색을 쓰지 않을 수 있다. 주 타깃 고객들이 그런 성숙한 컬러 팔레트를 좋아하지 않고 더 밝은 컬러를 선호하기 때문이다. 역으로 디자이너는 회색으로만 제품을 구성할 수 있지만 그런 칙칙한 색으로 여러 번 시즌을 거듭하는 것은 적절치 않을 수 있다.

이런 관행에서 예외가 되는 것은 디자이너 브랜드의 가격대와 오트 쿠튀르 시장이다. 이런 시장은 더 저가 시장에 트렌드 정보를 제공하며 자신들만의 독특한 비전이 담긴 컬렉션을 위해서 전통적인 컬러 팔레트는 무시할 수도 있다.

감정을 색칠하기 ↙

우리가 컬렉션의 감성에 취할 때 컬러가 핵심적인 역할을 한다. 이 그루핑은 채도가 높은 컬러 팔레트, 센스 있는 컬러 구성, 전략적인 컬러 변환 때문에 젊은 분위기가 성공적으로 구현되었다.

· collection palette ·

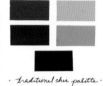

· traditional chic palette ·

· lounge/casual palette ·

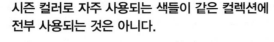

시즌 컬러로 자주 사용되는 색들이 같은 컬렉션에 전부 사용되는 것은 아니다.

간절기 브라운, 올리브그린, 펌프킨, 크랜베리, 오처 옐로, 다크 카키, 차콜 그레이, 토프, 블랙, 초콜릿 브라운, 강렬하고 진한 색상들

홀리데이/연휴 실버, 골드, 브론즈 같은 금속 색상, 샴페인, 아이보리, 블랙, 사파이어 블루, 루비레드, 에메랄드그린 같은 보석 톤

리조트/프리 스프링 부드러운 파스텔톤, 하얀색, 네이비블루, 체리레드, 밝은 초록색, 탠 컬러

봄 밝은 컬러, 노란색, 켈리그린, 인디고블루, 자주색, 네이비, 밝은 카키색

여름 하얀색, 밝은 채도 높은 색

essential turtleneck
$58.00

fabric>>
☐ herringbone wool
☐ flannel
☐ silk jersey
☐ cashmere
☐ wool

Wool herringbone full skirt
$98.00

$198.00

Cargo A Go-go

Fair isle fun

Snow Bunny

· color palette ·

겨울 시즌 ↑

매우 유기적인 이 컬렉션에서는 코쿤 실루엣, 래핑, 패드를 댄 원단의 사용으로 따뜻하고 아늑한 느낌을 살렸다. 비슷한 톤의 컬러로 드레이프성이 강조되었고 촉감이 살아 있는 원단과 감싼 디테일의 옷은 보호되고 안정된 세련미를 준다.

미래를 예측하기 ↖←

다음 시즌에 유행할 컬러를 예측하는 트렌드 동향 서비스를 구독하는 디자이너도 있다. 디자이너가 그러한 예측을 어떤 식으로 사용할지는 개인마다 다르다. 트렌드 예측은 컬렉션의 기초가 될 수도 있고 단순히 악센트로 사용될 수도 있다.

트렌드 분석 기관

아래 리스트는 가장 영향력 있고 인지도 있는 트렌드 분석 기관이다.

트렌드 유니온(Trend Union)

리 에델쿠르트가 수장인 트렌드 유니온은 원단과 패션업계를 위한 시즌 트렌드 책을 내고 오디오 비주얼 PT를 진행한다. 트렌드 유니온은 인테리어 디자인, 소매업, 웰빙 마켓을 위한 정보를 내고 있다. 5개 대륙에 지사가 있다는 점만 봐도 글로벌 디자인 커뮤니티 내에서 그 존재감을 감 잡을 수 있다.

프로모스틸(Promostyl)

파리에 본사가 있는 글로벌 트렌드 예측 기관인 프로모스틸은 컬러와 실루엣의 트렌드에 대한 리서치 결과를 제공하며 라이프스타일 트렌드에 중점을 둔다. 거의 40년의 역사 동안 이 회사는 의류, 화장품, 자동차 산업 등에서 상업과 창의성 사이에서 적절한 균형을 유지하는 것으로 잘 알려져 있다.

페클러스(Peclers)

지난 30년 동안, 페클러스 프랑스는 글로벌 트렌드 예측에 관해 출판했다. 뉴욕, LA, 마이애미, 캐나다에 지사가 있는 페클러스는 소비자가 패션, 인테리어, 산업 디자인 현장에서 필요로 하고 원하는 출판물을 제공한다.

워스 글로벌 스타일 네트워크(Worth Global Style Network; WGSN)

가장 큰 패션 웹사이트 중 하나인 WGSN은 모든 패션 디자인 시장의 다양한 정보와 전 세계적으로 진행 중인 리서치 결과도 제공한다. 런던, 뉴욕, LA, 마드리드, 쾰른, 도쿄에 지사가 있다.

팬톤(PANTONE®)

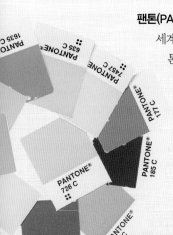

세계 최고의 컬러 전문 서비스 회사인 팬톤은 다양한 산업에 컬러 시스템을 제공한다. 보편적인 표준 컬러를 사용해야 하는 프린트 인쇄나 원단 염색에 디자이너들이 자주 사용한다. 팬톤의 컬러북은 전 세계적으로 텍스타일, 디지털 테크놀로지, 산업 디자인 등에 사용된다.

트렌드 예측

패션 디자이너는 소비자 행동과 니즈가 어떻게 진화할지 알기 위해 끊임없이 육감을 발휘해야 한다. 어떤 컬러가 가장 선호될 것인가? 어떤 실루엣이 등장하고 전 시즌에 비해 얼마나 비슷하거나 달라질까? 테일러링이 강조될까 아니면 더 유기적인 룩일까? 그래픽 컬러와 특별한 질감의 관계 혹은 더 미묘하고 비슷한 톤의 컬러가 원단에서 잘 표현될까?

스스로 관찰하고 예측하는 디자이너들에게 이런 트렌드 분석 기관은 보조적인 역할을 한다. 패션에 영향을 줄 세계 변화를 역사적, 문화적, 사회적, 정치적, 경제적 맥락을 통해 잘 정리하여 조사 결과를 제공한다.

트렌드 예측 기관은 특정 시즌에 대해 몇 년 앞서 리서치를 하는데 소비자 행동과 글로벌 변화에 중점을 두며 다양한 기법을 사용함으로써 디자이너에게 큰 도움이 된다. 브랜드 아이덴티티의 일관성을 유지하는 것은 반드시 필요하지만 더없이 빨리 변하는 패션 트렌드를 반영하는 것 또한 중요하다.

패션 트렌드의 변화

오늘날 패션 트렌드의 영향력과 디자이너가 트렌드를 반영할지를 고려할 때 더 큰 관점에서 바라보아야 한다. 글로벌 이슈가 패션에 영향을 미치는 속도를 인터넷 이전 시기와 비교해 살펴볼 필요가 있다. 즉 트렌드의 지속성과 시장 장악의 기간은 대체적으로 정보가 생겨나는 순간 얼마나 쉽게 접근할 수 있는지의 여부를 반영하는 것이다.

패션의 변화는 시즌을 거듭할수록 더 빨라지고 있어서 트렌드가 알려지기 무섭게 다른 트렌드로 대체되며 시장에서 진짜 트렌드라고 인정받을 수 있는 중요한 발표가 유명무실해지고 있다. 그렇다면 인터넷의 영향력이 더욱 커지고 정보에 대한 공공 접근성이 커지고 있는 이때 트렌드의 영향력이란 계속될 수 있을까?

비슷한 얘기로 저렴한 디자인을 쉽게 살 수 있는 대중의 취향이 점점 더 세련되어지면서 글로벌 마켓은 어떻게 변할까? 꼼데가르송 같은 하이엔드 디자인 하우스가 H&M 같은 패스트 패션 브랜드를 위해 디자인한다면 과연 고급 디자인을 자주 접하면서 취향이 바뀐 매스마켓의 소비자를 위한 제품에는 어떤 영향을 미칠까? '디자이너 감성'이 담긴 저렴한 가격대의 제품이 매스마켓에 풀릴 때 디자이너들의 값비싼 컬렉션은 충실한 고객들을 유지할 수 있을까?

컬러의 중요성

아메리칸 사우스웨스트 컬러 팔레트인 번트 엄버, 알리자린 크림슨, 피어리 오렌지부터 빙하에서 볼 수 있는 오프화이트 컬러의 미묘한 관계까지 여러분의 리서치와 무드 보드에서 예측한 컬러는 컬렉션에 사용될 뿐 아니라 어떤 비율로 사용되는지도 보여준다. 이미지를 통해 탄탄한 기초 컬러 팔레트가 있다 해도 특정 컬러를 고를 때 입는 사람에게 보완이 되는지, 적용되는 비율과 실루엣이 판매 가능한지, 타깃 고객의 감각에 맞는지 고심해야 한다.

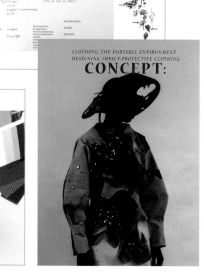

공상 과학 패션 미래 ←↑↖

예상을 뛰어넘는 조합인 유기적인 꽃무늬와 합성 화학 컬러로 취약한 지구라는 컬렉션의 테마가 강조된다.

컬러 콘텍스트

리서치 결과와 무드 보드를 리뷰하면서 컬러 콘텍스트에 대해서도 분석한다.

» 이미지 보드의 기초 컬러와 악센트 컬러는 무엇인가?
» 기초 컬러와 악센트 컬러는 어떤 비율인가?
» 베이스 컬러를 얼마나 많이 뽑을 수 있을까?
» 악센트 컬러는 얼마나 사용되는가? 비슷한 정도로 사용되는지 다른 비율로 사용되는지?
» 컬러에서 어떤 무드와 감정이 나오며 테마와 연관성은 어떤가? 원단 무게의 다양성/유사성과 실루엣 개발로 테마는 어떻게 강조될 수 있을까?
» 컬러 배치와 형태가 디자인의 영감이 되는가?
» 이미지의 톤 차이를 이용해서 어떻게 원단 개발을 할 수 있을까? 투명하고 불투명한 원단, 프린트와 염색 기법, 레이어링을 비롯한 다른 방법으로 컬러를 이용할 수 있을까?
» 어떤 질감이 있으며 그것이 텍스타일 선택에 미치는 영향은 무엇인가? 질감의 비율은 어느 정도가 될 것인가? 질감이 어떻게 악센트로 사용될 수 있을까?

형태 혹은 표면 ←

성공적인 디자인을 하기 위해서는 형태나 표면 하나만 우선시하며 절대 함께 강조하지 않는다. 이 컬렉션의 신발 디자인은 다채로운 컬러와 기발한 표면에 중점을 두었다. 반면 신발 형태와 디테일은 단순하다.

화재 예방 코드 ←

컬러, 재료, 하드웨어를 차용함으로써 소방관에서 영감을 받은 액세서리에 사실성과 매력이 가미된다.

실질적 고려 사항

무드 보드의 연관성을 기반으로 한 컬러 팔레트를 개발하기 위해서 따를 수 있는 과정이 여러 개 있다.

고객

특정한 컬러는 그림이나 가구, 심지어 벽지 패턴에서 멋지게 보일 수 있지만 사람이 입었을 때는 입은 사람의 외모나 성격의 일부가 된다.

컬러의 범위

디자이너별로 밝은 노란색이 트렌치코트 같은 큰 실루엣에 적합하다고 여길 수도 있고 프린트나 안감에서 작은 악센트로 사용하는 것이 적당하다고 여길 수도 있다. 때로 문제가 되는 것은 컬러 그 자체가 아니라 그 컬러를 어떤 맥락에서 사용하는지다.

컬러와 톤

메인 원단으로 컬렉션의 기초를 세우고자 한다면 다른 모든 것의 기초가 될 컬러와 톤을 먼저 정한다. 베이지, 그레이, 블랙, 네이비의 셰이드 컬러가 메인 컬러로 흔히 사용되며 상대적으로 밝거나 채도가 높은 컬러는 악센트로 사용되는 편이다. 특히 브리지 시장 브랜드 디자이너는 이런 공식에 따라 매 시즌 디자인을 출시하는 편이지만 영감에서 얻은 컬러를 참조하지 않고 익숙한 컬러 팔레트를 사용하여 시즌별로 브랜드 아이덴티티를 살짝 재정립하기도 한다.

테마와 콘텍스트

무드 보드에서 컬러를 뽑아서 의도한 감정을 전달하는 팔레트를 만들어내는 과정은 순전히 콘텍스트에 달려 있다. 컬러가 전체 원단 스토리 보드와 어떤 관계인가? 톤이 비슷한 컬러를 사용해서 컬러 그라데이션을 만들어야 할까? 무드가 가장 잘 표현되는 것은 팔레트가 조화로울 때일까 눈길을 끄는 강한 컬러로 구성될 때일까?

연결색

원단 컬러 팔레트에 전혀 관련이 없는 단색이 포함된다면 그 컬러가 조화롭게 스토리에 합류할 수 있도록 연결색이 필요하다. 프린트, 직조, 혹은 프린트 셔츠 스트라이프, 멀티 컬러 자수, 다양한 컬러의 저지 니트, 심지어 비즈 사용을 중심으로 관련성 없는 컬러는 그룹의 컬러와 조화를 이룰 수 있다.

그랑 피날레 ↑→

컬렉션 패션쇼는 마지막에 컬러 비율을 극단적으로 높이거나, 아니면 처음에 컬러를 나열하는 방식으로 효과를 최고조로 이끈다.

컬러 리듬감

무드, 컬러 팔레트, 모티프, 원단 무게, MD 등 모든 것을 잘 해결하며 컬렉션을 준비할 때 고려해야 할 사항이 있다. 악센트 컬러와 일반 컬러 팔레트가 룩에서 룩으로 어떻게 조화를 이룰 수 있는지, 특히 믹스앤매치가 중요한 콘셉트인 스포츠웨어에서 아이템은 어떻게 코디네이션 되어야 하는지 고려한다.

컬러 비율, 배치, 원단은 룩마다 변화가 있어야 한다. 그래야 고객은 서로 잘 어울리는 아이템을 고를 수 있는 옵션이 생긴다. 어떤 룩에서는 악센트 컬러가 핸드백에 사용될 뿐 옷에는 사용되지 않는 경우도 있다. 어떤 경우는 악센트 컬러로 고객이 컬러를 고를 수 있는 다양한 옵션이 되기도 한다. 예를 들어 재킷 안에 입는 캐시미어 스웨터는 컬러감을 주거나 아니면 아예 과감한 효과를 줄 수도 있다. 악센트 컬러는 프린트에 사용되기도 하고 스웨터 원사에 얌전한 색과 섞여 사용되며 강렬한 효과를 경감시키기도 한다. 이브닝웨어에 사용되는 실크 시폰 같은 고급 원단에서는 컬러를 큰 비중으로 사용해 극적인 효과를 내기도 한다.

실질적 고려 사항

컬렉션의 컬러 리듬을 분석할 때 다음 질문을 해 본다.

» 컬렉션이 진행되면서 컬러 비율로 모멘텀이 생기는가?
» 사용된 컬러 비율이 아이템에 어떻게 영향을 주는가? 레이어링 아이템, 액세서리, 아우터, 메인 아이템, 신제품 중 어떤 아이템인가? 이는 고객의 니즈를 어떻게 만족시키는가?
» 큰 옷이나 작은 레이어링 혹은 악센트 아이템에 따라 컬러 채도 정도를 조정해야 하는가?
» 시각적 임팩트에 변화를 주기 위해서 단색으로 패턴에 있는 컬러를 어떻게 사용할 수 있을까?
» 매장에서 컬러 팔레트로 컬렉션의 통일성이 유지될까?
» 원단의 질감에 따라 컬러는 어떻게 변하는가? 원단에 따라 컬러가 밝아지기도 어두워지기도 하는가?
» 컬러 형태와 배치가 모티프로 사용되어 조화를 이룰 수 있는가?

고조되는 컬러감 ↑

룩 발표가 진행될수록 컬러 비율의 모멘텀을 확대하여 사용 컬러의 비중과 배치가 항상 바뀌도록 한다. 모티프처럼 컬러 비율은 컬렉션의 통일성을 보여주며 매장에서 특히 그렇다.

비교 분석 ↓

인물 혹은 룩의 최종 레이아웃을 구성할 때, 왼쪽에서 오른쪽으로 순서를 정하고 악센트 컬러가 인체의 어떤 부위에 얼마나 사용되는지 분석한다. 디자이너는 모델 라인업을 구성할 때도 이 방식을 자주 사용하며 이는 런오브쇼(run-of-show)라고 불리는 패션쇼 일정표다.

UNIT 10
원단과 섬유

디자인에 적합한 원단과 섬유 선택의 중요성은
아무리 강조해도 지나치지 않다.

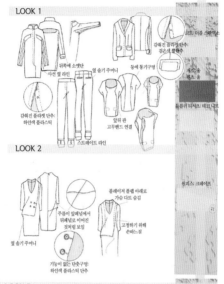

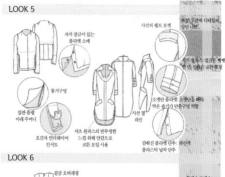

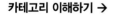

소재는 실루엣과 구조를 잡아주는 실질적인 역할
도 있지만 원단 선택에 따라 콘셉트, 형태, 소비
자, 무드, 디자인 일관성 등 컬렉션의 모든 면에
영향을 줄 수 있다.

원단은 짜임과 무게에 따라 그 종류가 아주
많다. 상세 설명을 읽고 나면 원단 지식에 대한
기초를 탄탄하게 쌓을 수 있을 것이다. 연관 있는
카테고리로 분류했지만, 쓰임새에 대한 확고한 법
칙 같은 것은 없다. 예를 들어 실크 시폰을 이브
닝웨어에만 쓰는 디자이너도 있을 것이고 평상복
으로 사용하는 디자이너도 있을 수 있다.

퍼즐 조각 ←

의도한 실루엣을 위해서 여러 무게의 원단을
조화롭게 사용하는 능력은 많은 경험이 필요
한 예술이다. 롤에서 선택한 원단으로 인체
에 드레이핑하며 원하는 실루엣을 만들어 제
대로 선택하도록 한다.

카테고리 이해하기 →

스와치 카드에 카테고리별로 원단을 모아서
MD 플랜을 성공적으로 세운다. 일부 원단은
카테고리에서 겹칠 수 있지만 그 원단을 컬
렉션 어디에서 강조할지를 결정한다.

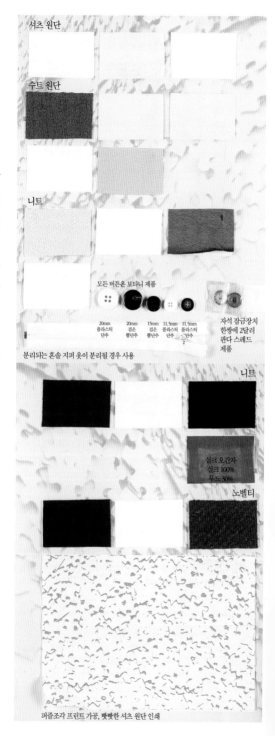

평상복

울개버딘(WOOL GABARDINE)

탄탄하게 직조한 원단으로 내구성도 좋고 다양한 용도로 사용할 수 있다. 100% 소모사 울이며 한 면은 부드럽고 반대 면은 트윌 조직이다. 전통적으로 남자 수트에 사용되지만 현재는 모든 카테고리에 걸쳐 주 원단으로 사용되고 있다.

트로피칼 울(TROPICAL WOOL)

경량 소모사 울은 일반적으로 간절기 수트용으로 사용된다.

면 포플린(COTTON POPLIN)

중간에서 고중량 원단이며 보통 면이나 면 폴리 혼방이다. 이 튼튼한 원단은 눈에 띄는 골이 있으며 남녀 캐주얼 스포츠웨어와 셔츠에 특히 많이 사용된다.

데님(DENIM)

중간 중량의 코튼 트윌 우븐 원단으로 원래 작업복 용도였다. 오늘날에는 캐주얼 바지와 재킷에 보통 사용된다.

샴브레이(CHAMBRAY)

경량의 우븐 원단으로 염색실과 염색하지 않은 실을 한 가닥씩 평직으로 짜서 데님처럼 보인다. 남녀 캐주얼 스포츠웨어에 사용된다.

코듀로이(CORDUROY)

내구성이 좋은 원단으로, 평행으로 나란히 코드처럼 솟은 부분을 '골'이라고 부른다. 골 두께에 따라 원단의 사용 용도가 다르다. 얇은 골이 있는 원단은 셔츠처럼 부드러운 디자인에 적합하고 두꺼운 골은 바지나 재킷에 적합하다.

브로드클로스(BROADCLOTH)

촘촘하게 직조된 우븐 원단으로 매우 질기고 매우 부드럽다. 원래는 울이지만 요즘은 코튼도 있으며 셔츠나 블라우스에 최적이다.

보일(VOILE)

가볍고 비치는 원단으로 거즈 같은 느낌이고 실크, 레이온, 면으로 만든다. 란제리, 아기 옷, 블라우스, 스커트에 자주 사용된다.

론(LAWN)

평직이며 반투명 원단은 원래 리넨이지만 현재는 코마코튼이기에 훨씬 매끄러운 촉감이다. 보일보다는 바삭거리지만 오건디보다는 덜하다. 블라우스 만들기에 적합하다.

오건디(ORGANDY)

보통 100% 면이며 바삭거리고 투명한 우븐 원단이다. 셔츠와 블라우스에 종종 사용한다.

바티스트(BATISTE)

섬세하고 고운 면으로 우아한 드레이프성이 특징인 원단이다. 아기 옷, 란제리, 잠옷에 사용하기에 적합하다.

코튼 새틴(COTTON SATEEN)

중간 중량의 원단으로 머서라이즈 가공 코튼으로 만들며 새틴과 비슷한 광택이다. 스레드 카운트(TC)가 높아 촉감이 부드럽고 캐주얼 상·하의에 적합하다.

카발리 트윌(CAVALRY TWILL)

질긴 면, 울, 소모사 원단을 이중으로 짠 능직(트윌)이다. 대각선의 선이 생기고 깊지 않은 골이 있어 눈에 띈다. 보통 바지나 재킷에 많이 사용한다.

개버딘(GABARDINE)

촘촘하고 내구성이 좋은 트윌로 선명한 대각선 골이 가로지른다. 남성과 여성복 팬츠, 우비에 주로 사용된다.

스위스 도트(SWISS DOT)

얇은 코튼 원단으로 론이나 바티스트로 많이 만든다. 작은 도트 무늬를 직조하거나 표면에 붙인다. 보통 셔츠, 원피스, 아동복에 사용한다.

리넨(LINEN)

여름용 무게의 원단(아마 소재)으로 전체적으로 자연적인 뭉침이 보인다. 잘 구겨지는 경향이 있으나 그것이 매력이 되기도 한다. 다양한 무게의 원단이 있고 상·하의에 적합하다.

캔버스, 덕, 범포(CANVAS, DUCK, SAILCLOTH)

매우 뻣뻣하고, 견고한 평직물이며 겉옷에 적합하다. 염색할 수도 있지만 보통은 염색이 안 된 흰색이다.

코듀로이

코튼 새틴

오건디

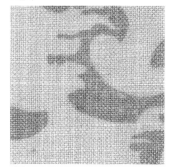
리넨

치노(CHINO)

머서라이즈 가공 코튼으로 만드는 트윌 원단이며 보통 카키색이다. 원래 군복으로 사용되었으나 오늘날에는 남녀 바지에 주로 사용된다.

친츠(CHINTZ)

꽃무늬, 추상적인 기하학 패턴, 그림 등의 과감한 패턴이 있는 원단으로 전통적으로 100% 코튼으로 생산되었다. 거칠고 굵은 마감, 부드럽고 매끄러운 마감 등 다양하다. 보통은 가구에 많이 사용되었으나 요즘은 상·하의에 사용된다.

와플 위브(WAFFLE WEAVE)

사각형의 패턴이 오목하게 직조된 모양이 와플을 연상시켜 와플 위브라는 이름을 얻었다. 보통은 100% 코튼이지만 혼방으로도 나온다. 캐주얼이나 운동복에 쓰인다.

샬리(CHALLIS)

가벼운 평직 원단이며 면이나 모로 만들고 보통 프린트가 있다. 부드러운 촉감은 파자마, 원피스, 블라우스에 적합하다.

테일러링 원단

낙타모(CAMEL HAIR)

100% 낙타모 혹은 울혼방으로 만들어진다. 컬러는 보통 염색하지 않지만 중간색이다. 이 클래식한 원단은 섬세하고 잔털이 살아 있는 마감이며 전통적으로 코트나 수트에 사용된다.

울 펠트(WOOL FELT)

직조한 원단이 아니라 양의 울이나 섬유에 열, 수분, 마찰을 가해서 만드는 두껍고 뻣뻣한 원단으로 아우터, 코트, 재킷에 사용된다.

지벌린(ZIBELINE)

길고 윤이 나는 털이 있는, 부드럽고 가벼운 원단으로 모헤어류의 섬유와 트윌 조직이 섞인 것이다. 긴 털이 한 방향으로 나 있으며 바디감과 부피감을 준다. 수트와 코트에 이상적이며 테일러링에 시간이 많이 든다.

샤크스킨(SHARKSKIN)

레이온이나 아세테이트를 하얀 울, 색이 있는 섬유를 넣어서 짠 매끈하고 독특한 원단으로 바스켓위브 효과를 낸다. 투톤 느낌의 직조감으로 남자와 여자 수트 정장에 사용한다.

이브닝웨어/웨딩

오간자(ORGANZA)

평직에 비치는 원단으로 실크나 나일론 혼방으로 사용한다. 신부 드레스에서 볼륨감을 줄 때 사용한다.

시폰(CHIFFON)

얇고 섬세한 우븐 원단이며 100% 실크지만 합성섬유도 있다. 부드럽고 가볍다. 드레스나 블라우스에 적합하다.

조젯(GEORGETTE)

시폰보다 불투명하며 실크 재질이지만 합성섬유로도 있다. 오글오글하고 크레이프 같은 질감이며 만지면 딱딱하다. 드레이프성이 좋고 블라우스나 드레스에 좋다.

샤르뫼즈(CHARMEUSE)

광택 있는 새틴 마감의 고급 원단이며 매우 가볍다. 보통 100% 실크이며 흘러내리는 성질로 드레스나 상·하의에 부드럽게 늘어지는 실루엣을 만든다.

크레이프 드 신(CREPE DE CHINE)

가벼운 평직 원단이며 크레이프 느낌이 약간 있는 100% 실크 원단이다. 드레스나 블라우스에 쓰인다.

크레이프 백 새틴(CREPE-BACK SATIN)

가벼운 질감이며 한 면은 크레이프, 다른 면은 고광택의 새틴인 양면 원단이다. 실크나 합성섬유로 제직되며 부드럽게 흘러내리는 느낌이 드레스나 블라우스에 알맞다.

캔버스

친츠

조젯

오간자

뒤셰스 새틴(DUCHESSE SATIN)
우아한 원단이며 실크 중 가장 무겁다. 옅은 광택이 있다. 쿠튀르나 화려한 행사를 위해 사용된다.

해머드 새틴(HAMMERED SATIN)
두껍고 광택이 있는 원단으로 새틴의 광택이 있고 표면은 해머드 메탈과 비슷하다. 원단의 드레이프성으로 우아한 드레스, 블라우스, 행사복 등에 적합하다.

태피터(TAFFETA)
역사적으로 실크로 만들었지만 요즘은 다양한 합성원단으로도 나온다. 매우 조밀하게 직조되었고 뻣뻣하고 바삭거리는 특징이 있어 실루엣이 존재감이 있다. 이브닝드레스나 웨딩드레스에 보통 사용된다.

샨통 실크/생직물(SHANTUNG/RAW SILK)
생사로 직조한 원단으로 마디가 있으며 거친 편이다. 내구성이 좋고 질감이 있는 원단으로 봄과 가을 컬렉션에 사용된다.

두피오니(DOUPPIONI, DUPIONI)
고르지 않은 생사로 짠 은은한 광택의 원단이다. 각이 나오는 실루엣을 만드는 원단이다.

무와레(MOIRÉ)
특유의 물결 무늬 때문에 물결 실크라고도 부른다. 실크, 레이온, 혼방으로 만든다. 이브닝드레스나 웨딩드레스에 적합하다.

오토만 파유(OTTOMAN FAILLE)
그로그랭 리본과 비슷하게 골 패턴이 희미하게 있으며 그로 인해 질감이 느껴진다. 실크, 면, 레이온으로 만든다. 뻣뻣하고 구조적인 실루엣을 만들기 때문에 정장에 많이 사용한다.

벨벳(VELVET)
실크, 코튼, 혼방으로 만드는 부드럽고 톡톡한 원단이다. 섬유가 서 있어 만지면 부드럽다. 전통적으로 이브닝웨어에 사용되었으나 평상복으로도 가능하다.

라메(LAMÉ)
보통 금사나 은사 같은 금속사로 만들기 때문에 광택이 있으며 야들거리는 브로케이드 원단이다. 이브닝드레스나 코스튬에 사용한다.

튈(TULLE)
그물처럼 생긴 경량 원단으로 드레이프 효과를 위해서는 실크로 만들고 뻣뻣한 실루엣을 위해서 합성 원단으로 만든다. 보통 신부의 베일, 튀튀 발레복, 페티코트에 사용된다.

포드수아(PEAU DE SOIE)
중간에서 고중량의 원단으로 수자직이며 광택이 없다. 보통 실크지만 폴리에스터로도 만든다. 전통적으로 결혼식 예복이나 칵테일 드레스에 사용한다.

니트 원단

매트 저지(MATTE JERSEY)
가는 크레이프사로 만드는 무광택의 플랫 니트 편물이다. 뻣뻣하고 매트한 느낌이다. 낮부터 밤까지 다용도로 걸치기에 편한 여행용 혹은 손질이 간편한 옷, 상·하의에 사용된다.

울 저지(WOOL JERSEY)
중간에서 고중량의 원단으로 살짝 드레이프성이 있는 100% 울 원단이다. 가을/겨울 컬렉션의 캐주얼 상·하의, 원피스에 적합하다.

실크 저지(SILK JERSEY)
약간 광택감이 있는 부드러운 니트 편물로 다양한 실루엣을 표현할 때 사용한다. 밤낮 가리지 않고 사용하기 좋은 원단이다.

벨루어(VELOUR)
두껍게 실이 서 있는 플러시 면으로 만지면 부드럽다. 벨벳과 달리 신축성이 있으며 캐주얼 라운지웨어와 편하게 입는 운동복에 많이 쓰인다.

보일드 울(BOILED WOOL)
펠트 울과 비슷하다. 편직물을 끓여서 대략 25~30%를 줄이면 매우 두꺼운 원단이 된다. 선이 살아 있는 재킷, 코트에 사용된다.

태피터

두피오니

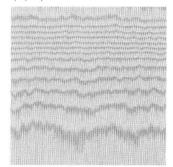
무와레

벨루어

고급 원단

마틀라세(MATELASSÉ)

'퀼트/패드를 댄' 혹은 '솜을 채운'이란 뜻의 프랑스어에서 유래했다. 무겁고 화려한 원단으로 보통 100% 코튼으로 만들어지며 기하학적 모티프나 꽃 모티프를 손바느질해 퀼트 효과를 낸다. 원래 침대보나 침구에 사용했지만 현재 이 기법은 아우터에 많이 적용된다.

버즈아이(BIRD'S-EYE)

중간 중량의 우븐 원단으로 작은 다이아몬드 무늬 안에 도트가 있다.

모헤어(MOHAIR)

앙고라염소 털을 깎아 만든 니트/우븐 원단이다. 옷으로 만들면 긴 털의 질감이 살아 있고 잔털이 있다. 겉옷에 적합하다. 모헤어 실로 스웨터를 만든다.

다마스크(DAMASK)

전통적으로 가구에 사용되었던 원단으로 매우 촘촘한 조직이고 100% 실크다. 광택 있는 바탕에 무늬가 도드라진 것이 특징이다. 보통 기하학 혹은 식물 무늬다. 아우터와 테일러드 옷에 적합하다.

브로케이드(BROCADE)

묵직하고 복잡한 무늬의 자카드 원단으로 다양한 종류의 실크로 만들며 금속사로 악센트를 준다. 본래는 가구에 사용되던 원단이지만 지금은 무대의상, 시대 의상, 정장 등에 다양하게 쓰인다.

라피아(RAFFIA)

종려나무 잎에서 추출한 천연 섬유를 밀짚처럼 직조했으며 질감이 매우 거칠다. 보통 모자 만들 때 쓴다.

도레이사의 울트라 스웨이드(TORAY ® ULTRASUEDE)

극세사 스웨이드 대체 합성 원단으로 상표 등록된 원단이다. 기계 세탁이 가능하며 1970년대에 디자이너 할스톤에 의해 시장에 소개되었다.

하운드투스 체크(HOUNDSTOOTH)

두 가지 톤의 원단으로 브로켄 체크 혹은 투스 체크 패턴의 듀오톤 원단이다. 전통적으로 블랙과 화이트 울을 사용하며 능직 원단이다. 남성복 정장과 코트에 많이 사용되지만, 여성복 정장에도 사용된다.

글렌 체크(GLENPLAID)

정통 클래식 체크무늬 원단으로 차분한 컬러, 블랙, 그레이, 화이트를 사용한다. 두 줄의 진한색 스트라이프와 밝은색 스트라이프, 네 줄의 진한색 스트라이프와 밝은색 스트라이프가 수직과 수평으로 교차하며 불규칙한 체크 패턴을 만들어낸다.

몰스킨(MOLESKIN)

두터운 털이 있는 면 능직 원단이며 캐주얼 정장이나 가벼운 코트에 사용된다.

셔닐(CHENILLE)

프랑스어로는 '애벌레'로 번역되는 이 실과 원단은 면, 레이온, 아크릴로 만든다. 깊게 박힌 파일 덕분에 부드럽고 보송보송하며 폭삭하니 확연히 구분된다. 원래 침구나 카펫에 사용됐지만 현재 의복 업계에서는 스웨터나 재킷에 사용하고 있다.

나일론(NYLON)

질기고 가벼우며 폴리아미드로 만든 인공 합성 원단이다. 흡습성이 낮아 쉽게 마르기 때문에 수영복, 운동복, 우비에 잘 사용된다.

벵갈린(BENGALINE)

실크, 울, 합성 섬유 혼방의 우븐 원단이며 가는 골이 있는 질감이다. 한 면은 매트하고 다른 면은 광이 나는 양면 원단으로 수직 신축성이 있는 바지에 적합하다.

알파카(ALPACA)

페루 알파카의 털을 뜻하며 이 스타일의 원단은 원래 알파카 털로 만들었지만 지금은 모헤어와 모를 혼방해서 우븐/니트 원단을 만든다.

비쿠냐(VICUÑA)

그 어떤 모직보다 부드럽고 따뜻하며 값비싸다. 비쿠냐(라마의 친척)에서 채집한 털은 인간의 머리털보다 8배 가늘고 코트와 아우터에 사용된다.

다마스크

브로케이드

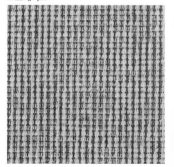

셔닐

모헤어

캐시미어(CASHMERE) (니트, 우븐)

캐시미어는 캐시미어 염소에서 채취한다. 질감이 매우 섬세하면서도 질기고 가볍고 부드럽다. 캐시미어의 섬유로 짠 니트나 우븐 원단은 명품에 사용된다.

아일릿(EYELET)

전통적으로는 하얀 면인 이 원단은 이름에서 알 수 있듯이 도려낸 구멍 가장자리를 자수로 처리하여 전체적인 패턴을 만든다. 아동복, 원피스, 블라우스에 자주 사용한다.

브로드리 앙글레즈
(BRODERIE ANGLAISE)

이 기법은 자수와 컷아웃 모티프를 이용해 패턴과 모양을 만들어낸다. 전통적으로 속옷과 아동복에 사용되었고 오늘날에는 여성 원피스와 블라우스에 사용된다.

피케(PIQUE)

보통은 면으로 되어 있는 이 원단은 잔잔한 질감이 있으며 버즈아이라고도 불린다. 원피스와 상·하의에 적합하다.

깅엄 체크(GINGHAM)

평직에 경량 면으로 날염하거나 하얀색 실과 염색실로 하얀 바탕에 체크무늬를 짠다. 전통적으로 아동복에 많이 쓰이지만 오늘날에는 모든 카테고리에 걸쳐 사용되고 있다.

시어서커(SEERSUCKER)

경량 코튼 원단으로 우글거리는 효과의 수직 스트라이프가 평평한 면과 대조를 이룬다. 보통 남성 수트나 여성 상·하의에 많이 쓰인다.

테리 클로스(TERRY CLOTH)

부드럽고 흡습성이 좋은 코튼 파일 원단이다. 두꺼운 루프 파일이 특징이며 양면에 있는 파일이 부드럽다. 타월이나 목욕 가운에 많이 사용되고 운동복에도 사용된다.

텍스타일과 지속 가능성

텍스타일은 대규모의 글로벌 산업이다. 세계에서 환경오염이 가장 심한 산업이기도 하다. 원료부터 완제품까지 제조 공정의 모든 단계가 환경에 큰 위협이 될 수 있다. 그래서 원료의 출처나 생산 공정 방법, 기후에 미치는 영향 등을 아는 것은 필수다. 재료에 대해 리서치할 때 다음의 질문을 고려해본다.

- 자재와 공급사는 사회적 형평성과 공정 무역을 지지하는가?
- 근로자는 안전한 근로 환경에서 작업하고 제조업체는 그들을 정당하고 공평하게 대우하는가?
- 제작 방식이 물과 에너지 소비 같은 주요 분야에서 지속 가능한 방식인가?
- 제조 과정에서 오염원이 최소화될 수 있도록 조치되고 있는가?
- 자재는 생화학 분해가 될 것인가?
- 재활용과 업사이클링 이니셔티브는 제조 과정에 포함되는가?

이 질문들은 디자이너가 자재를 구매할 때 반드시 해야 하는 아주 중요한 질문의 일부다.

덧붙여 패션의 지속 가능성을 보완할 수 있는 기술의 발전은 수도 없이 많다. 화학물질이 없는 유기농 면과 커피 찌꺼기, 대나무, 버섯, 조류, 사과 심, 바나나 섬유, 콜라겐 단백질로도 원단을 만든다. 직물 마감에서도 지속 가능성을 위한 기술을 이용하고 있다.

예를 들어 레이저를 이용해 데님 장식이나 가공을 하고 원단에 오존 처리를 해서 대량의 물, 에너지, 화학물질을 절약한다. 과학자들은 심지어 폐기물이 나오는 전통적인 생산 방식을 사용하지 않고 거의 옷을 재배하는 방법까지도 연구 중이다.

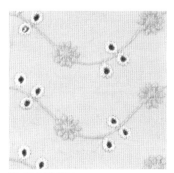

브로드리 앙글레즈

깅엄 체크

UNIT 11
지속 가능성과 패션

패션 산업은 자원에 극도로 의존적이며 낭비가 심하고
환경오염과 기후 변화를 일으키는 주범이기도 하다.

우리의 지구가 살아남기 위해서는 패션업계의 해로운 관행에 대해
다음 10년간 더 빨리, 더 적극적으로 해결해야 한다. 지속 가능성
은 폭넓고도 복잡한 주제이며 지속 가능성의 당위성과 중요성에
주목해야 하는 방대한 자료가 있다. 이번 장에서 디자이너, 제조업
체, 소비자 모두가 더욱더 주목해야 하는 이 중요한 분야에 대한
개요를 짧게 소개한다.

직물

직물은 지속 가능한 관행 안에서 대표적으로 중요한 문제다. 세계
적으로 가장 대중적이고 가장 수요가 많은 원단 두 가지는 폴리에
스터와 면이다. 폴리에스터는 재생 불가능하고 석유를 원료로 하
는 섬유다. 분해되는 데 수 세기가 걸리며 그동안 공기와 땅에 독
성 화학물질을 발산한다. 면의 생산, 염색, 마무리의 복잡한 단계
를 거치려면 엄청난 양의 물이 필요하며 상당한 환경오염이 유발된
다. 또한 생산 공정에서 사용된 화학물질은 근로자들에게 신경 손
상, 암을 비롯한 생명을 위협하는 건강 문제를 일으킬 수 있다.

해결 방안

일반적인 방식으로 재배하는 면과 폴리에스터에는 대체제가 있다.
예를 들어 삼과 유기농 목화 농장은 상업적으로 확대일로이며 식
물로 만든 셀룰로오스 섬유(레이온, 아세테이트, 라이어셀)는 환경에
덜 해롭다. 직물 공장은 재활용된 옷과 플라스틱에서 원단을 생산
하고 공기 염색과 이산화탄소 염색 공정은 물을 덜 소비한다. 식물
로 '가죽'을 만들고 나일론(에코닐)을 재생하고 심지어 합성 거미줄
실크(큐모노스)도 만드는 등 발전은 지속되고 있다.

화학적 재앙 ←

원단 염색과 인쇄 과정에서 유독성의 화학물질이 방출, 지구로 스며들고 지하수를 오염시킨다. 이는 시간이 지나며 농업과 인간의 생계 수단, 공공 보건에 심각한 해를 끼친다.

환경 의식 ↙

디자이너가 사용하는 재료와 제작 방식은 우리 생태계에 중대한 해를 끼칠 수도 있고 도움이 될 수도 있다. 유기농 재배의 재료와 염색은 환경보호에 도움이 되는 일부 방식일 뿐이다.

폐기물 폐기하기 ↓

원단 폐기물이 가장 큰 오염물질이며 특히 생산지에서 그렇다. 20년 전에 비해서 세계는 필요량의 400% 이상 의류를 소비하기 때문이기도 하다. 게다가 최종적으로 겨우 1%만 재활용되고 있다.

의복 제조, 생산, 유통, 소매

의복 디자인과 샘플 제작, 생산과 소비자에게 유통하는 과정에서 에너지가 과도하게 소비되며 물을 오염시키고 거대한 탄소 발자국을 만든다. 예를 들어 청바지 한 벌을 만드는 데 필요한 목화를 기르려면 평균적으로 6,813리터의 물이 필요하다는 연구 결과도 있다. 옷의 생애주기 초반에 상품은 전 세계로 수송되며 새로운 옷을 끝도 없이 원하는 소비자의 수요에 부응한다. 전례 없이 막대한 양의 원단 폐기는 샘플 과정에서 발생하며(보통 국외에서 제작되며 항공우편으로 배송된다) 사용하지 않고 남은 원단(불량재고라고 불린다) 때문이기도 하다. 재단 과정에서 옷의 패턴 레이아웃(marker, 마카)을 하면서 폐기되는 원단 조각이 생긴다. 초과 주문되거나 제작상 흠집이 생겨 팔리지 않은 옷은 미국에서만 1,800만 톤 이상이며 태우거나 매립한다. 완성된 옷은 일회용 비닐로 포장되어 운송되고 플라스틱 옷걸이에 걸린 뒤 다시 일회용 비닐로 포장해 소비자에게 판매된다.

일부 추산에 따르면 비닐 포장이 분해되는 데 500년 이상이 걸리지만 실제 사용에는 평균 7분 걸린다고 한다.

해결 방안

다양한 기관에서 패션업계의 구조를 이해하고, 공급망을 적극적으로 바꾸도록 도움을 주고 있다. 지속 가능한 의류 연합(Sustainable Apparel Coalition; SAC), 글로벌 오가닉 텍스타일 스탠더드(Global Organic Textile Standard; GOTS), 오코텍스(Oeko-Tex)는 모니터링을 강화하고 소비자에 투명성을 높이는 활동을 하는 세 조직이다. 지속 가능한 의류 연합은 히그 지수(Higg index)를 사용하고 있다. 회원사의 물 사용량 및 처리방식, 에너지 사용, 화학물질 회수 기준을 기록하고 확인한다. 클로3D 같은 컴퓨터 소프트웨어를 이용하면 디지털 3D 모델링으로 효율적인 패턴 마카를 하며 패션 디자인에서 실제 샘플 작업을 하는 수고를 덜 수 있다.

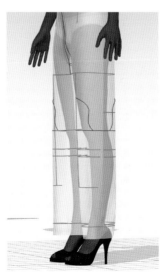

클로3D(CLO3D) 기술 ←↑

초기 생산 단계에서 디지털 디자인 개발은 지속 가능한 관행에 큰 도움이 된다. 옷의 디자인, 패턴, 핏이 정확해지면서 시행착오로 인한 자재 폐기물의 발생을 막을 수 있다.

화학물질 범벅 →

직물과 옷 제작에서 사용되는 탈색 과정에서 대량의 물을 사용하며 환경과 근로자의 건강에 돌이킬 수 없는 해를 입힐 수 있다.

소비

패션과 뷰티 산업은 사람들이 필요하지도 않은 물건을 사도록 유인하는 데 능하다. 소비자는 남들보다 돋보이려고 특정 제품을 구매하고, 구매 시 흥분하여 일시적으로 분비되는 도파민에 취하고, 끊임없이 자신의 정체성을 규정짓고자 한다. 패션 브랜드는 더 많은 옷을 더 싸게 팔고 있다. 제작과 소비율은 급증했다. 2000년에서 2014년 사이에만 세계적으로 제작된 옷의 수량은 이전의 두 배가 되었다. '그린' 패션이 도움이 되긴 하지만 원자재 낭비와 과잉 소비가 지속되고 소비자가 오래 입지도 않고 버린다면, 좋은 의도로는 역부족일 수 있다.

해결 방안

소비자는 옷의 수명을 늘리고 과도하리만큼 불필요하게 제작된 막대한 양의 옷을 줄여가는 패션 시스템을 조사하고 지원해야 한다. 이 시스템에는 중고 옷의 업사이클링, 재디자인, 수선 서비스, 의복 관리 개선, 의복 대여 및 공유 서비스(렌트 더 런웨이* 같은) 등이 포함된다.

* Rent the Runway. 미국의 스타트업으로 구독자에게 명품 옷을 무제한 대여한다.

가치사슬: 사용과 폐기

의류 공급망에는 집중적으로 자원이 필요하다. 일명 '가치사슬'이라고 부르는 소비자의 옷 구매, 사용, 폐기의 순환 과정이 일어나면 자원 소비, 오염, 피해 가능성의 확률은 늘어난다. 예를 들어 소비자가 세탁 세제와 섬유 유연제를 사용하면 물이 오염되고 상수도의 탈산소화가 진행되어 식물과 동물의 생태계에 상당한 피해를 준다. 옷을 세탁하고 말리는 데 상당한 양의 에너지가 사용되며 옷의 생애주기에서 발생하는 이산화탄소의 80% 이상이 지구 온난화에 영향을 미친다. 합성 섬유의 세탁과 건조는 공기와 물에 미세 플라스틱 오염을 야기하기 때문에 특히 해롭다. 실제로 합성 섬유로 만든 단 한 벌의 옷을 세탁해도 2천 개 이상의 미세 플라스틱 입자가 방출된다. 소비자는 15년 전에 비해 옷을 가지고 있는 기간이 거의 반으로 줄었으며 보통 버리기 전 7~8번 입는 것으로 나타났다. 결과적으로 수백만 톤의 의류 폐기물이 매년 매립되며 상당한 양의 메탄가스(온실가스)를 대기에 방출한다. 동시에 폐기된 옷이 천천히 분해되면서 발생하는 미세 플라스틱과 해로운 화학물질이 확산되며 인근 토양과 물길도 오염시킨다.

해결 방안

손쉽고 간편한 여러 가지 해결책으로 지속 가능한 가치사슬을 만들어 갈 수 있다. 세탁 횟수 줄이기, 오염된 부분만 처리하기, 에너지 절약 세탁기와 건조기에 세탁물 가득 넣어 사용하기, 환경친화적인 세제 사용하기, 찬물 사용하기, 가능하면 바람에 말리기 등이 포함된다. 점점 많은 패션 업체에서 '폐쇄 루프' 혹은 '순환 경제' 제품 같은 혁신적인 방안을 내놓고 있다. 생화학 분해 자재를 사용하거나 금속이나 유리처럼 관리만 잘 되면 영구적으로 재활용할 수 있는 기술적인 자재를 사용하는 것이다.

니트웨어

니트웨어의 무게, 질감, 디자인의 경계는 없으며 상품 구성이 훌륭한 컬렉션을 만들기 위한 필수 아이템이다.

니트 조직과 섬유에 따라서 니트웨어는 시폰처럼 늘어질 수도 있고 모직 정장처럼 각이 살아있을 수도 있고 심지어 겨울 코트가 될 수도 있다. 실의 게이지, 섬유, 스티치, 기법에 따라 니트웨어는 패션 디자인의 분야에서 가장 개념적이고 창의적이라고 여겨진다.

니트웨어를 디자인할 때 디자이너들이 가장 매력으로 꼽는 것은 원단을 처음부터 제작해 형태를 구성한다는 점이다. 결과적으로 디자이너가 만들 수 있는 형태의 효과와 종류는 무궁무진하며 디자인의 모든 카테고리와 미학에 들어맞는다. 질 샌더에서 자주 보이는 얇은 캐시미어 니트, 자일스 데콘이나 알렉산더 맥퀸이 디자인하는 로프 같은 니트, 현대 디자이너들이 영감을 얻기도 하는 마담 그레의 매트한 저지 이브닝웨어 드레스, 운동복, 아이콘이 된 티셔츠까지 니트웨어는 모든 카테고리, 가격대, 나이, 라이프 스타일에 적용할 수 있다.

컬렉션을 전개할 때 니트웨어를 통해 독특한 개성과 편한 옷을 표현하는 것은 유용하다. 슬림핏을 위해서 최소한의 구성만 요구되는 형태이며 조형적인 실루엣임에도 우븐 옷보다는 입기에 훨씬 편할 수 있다. 니트웨어는 디자이너 컬렉션에 추가되었다고 여겨지기도 하며 특히 모티프나 컬러 관계가 복잡해질 때 그렇다. TSE나 미쏘니 같은 브랜드에서 니트웨어는 브랜드의 시그니처이자 주력 디자인이다. 니트웨어 디자인 제작 기술에는 많은 공부가 필요하지만 니트웨어와 관련된 용어, 시각적 샘플에 대한 기초적인 이해만 갖춰도 니트웨어 디자인을 시작할 준비는 된 것이다.

유기적인 니트 ← →

니트웨어에서 질감과 조형적 형태의 범위는 무제한이며 컬렉션의 테마와 모티프의 뼈대로 사용되기도 한다. 뻣뻣한 울 플란넬 밴드가 인간 해부학을 테마로 한 이 컬렉션의 부드러운 질감을 보완하고 있다.

전통적인 형태에 대한 도전 ←↓

거의 모든 옷은 니트로 편직한 원단
으로 만들 수 있다. 전통적인 니트
스웨터 외에도 니트웨어는 조직에
따라서 코트, 블라우스, 셔츠, 바지,
액세서리, 이브닝드레스, 테일러드
재킷으로 사용될 수 있다.

주요 용어

니트웨어와 관련한 용어를 익힌다면 디자인의 기초를 세우는 셈이다.

커트 앤 소우(CUT AND SEW)
편직물로 만드는 옷이다. 우븐 원단에 하듯이 패턴을 편직물 위에 두고 잘라서 재봉한다.

스웨터 니트(SWEATER KNITS)
편직 원단과 달리 스웨터는 패턴대로 모양을 뜨는 특수 기계로 만든다. 이 패턴을 모아서 봉제를 해 옷을 만든다.

겉뜨기(KNIT)
니트에서 가장 기초적인 스티치이며 옷의 앞면, 겉면을 이룬다.

안뜨기(PURL)
두 번째 기초 스티치로 옷의 뒷면 혹은 안면을 구성한다.

평면 뜨기(PLAIN KNITTING)
겉뜨기와 안뜨기를 사용해서 만드는 편물.

메리야스뜨기(JERSEY)
한 단은 겉뜨기, 다음 단은 안뜨기 한다.

고무단 뜨기(RIB)
겉뜨기와 안뜨기를 다양한 방식으로 섞어 뜬다.

바리게이트 고무단 뜨기 (VARIEGATED RIB)
겉뜨기와 안뜨기를 자유자재로 섞는다. 예를 들어 겉뜨기 3코에 안뜨기 1코, 겉뜨기 5코에 안뜨기 3코 하는 식이다.

변형 고무단 뜨기(ENGINEERED RIB)
여러 가지 형태의 고무단을 섞어 떠서 니트 옷을 만든다.

가터 스티치(GARTER STITCH)
계속 겉뜨기로 뜬다. 양면이 메리야스 뜨기를 뒤집어 놓은 것 같다.

게이지(GAUGE, gg)
실의 굵기를 설명하는 용어. 기계에서 5gg, 7gg, 12gg, 16gg, 24gg를 가장 많이 사용한다. 3gg이나 5gg는 손뜨개에 많이 사용된다. 실을 골라 샘플을 만들고 1인치 안에 코와 단 수를 세서 패턴을 조정한다. 실 굵기가 게이지를 결정한다.

말(MARL)
두 개 이상의 다른 색이나 굵기의 실을 함께 짜서 일정하지 않은 패턴이나 질감을 만든다. 이 패턴은 작품 앞뒤에 사용한다.

브레이드(BRAID, 또는 PLAIT)
루렉스실이나 금속사을 사용한 기계 편직 기법이다. 기본실과 특수사를 함께 사용하며 작품의 겉면에만 쓴다. 안면에 사용하면 따가울 수 있기 때문이다. 생김새는 말사와 비슷하다.

꽈배기 무늬(CABLE)
꽈배기 모양의 입체적인 패턴으로 양끝이 뾰족한 바늘을 사용해 만든다. 덩굴식물이나 기하학적 패턴 모양이다.

보블 무늬(BOBBLE)
코 하나를 여러 개로 늘렸다가 다시 코 하나로 줄이면서 입체적인 효과를 낸다.

인타르시아(INTARSIA)
배색 패턴을 만들 수 있는 기법이다. 보통 패턴이 크고 각각의 형태를 따로 편직해 퍼즐처럼 맞추어 옷을 만든다.

페어아일(FAIR ISLE)
다양한 컬러로 패턴을 만들 수 있는 기법으로 패턴은 작은 편이다. 디자인대로 편직하면 바로 패턴이 나온다. 실 컬러를 바꿀 때 다시 그 컬러를 사용할 때까지 실을 옷 안면에 끌고 가면서 생기는 부분을 '플로트'라고 한다.

플로트(FLOAT)
실 컬러 바꿀 때 옷 안면에서 끌고 가는 실 부분을 뜻한다.

자카드(JACQUARD)
제한된 수의 컬러를 이용하며 반복적으로 인타르시아 패턴과 비슷하도록 짜는 기계 직조 방법이다.

풀패션드(FULL FASHIONED)
스티치를 이동해 암홀, 네크라인, 프린세스 라인에서 형태를 만든다.

풀니들립(FULL NEEDLE RIB)
편직기 가마 두 개로 짠 편물로 양면이 1×1 고무단이다.

포인텔(POINTELLE)
한 단에서 여러 개 코를 함께 뜨고 다음 단에서 한 코를 다시 더해서 구멍을 만드는 효과다.

드롭 스티치(DROP NEEDLE OR NEEDLE OUT)
한 개 이상의 코를 근처 코로 옮기면 끌려가는 실이 단마다 생기면서 사다리처럼 보이는 효과다.

레이스(LACE)
포인텔 패턴을 변형하면 다양한 레이스 효과를 낼 수 있다.

형태와 장식 →

니트웨어 디자이너는 한계가 거의 없는 수단으로 작업하는 것이다. 바늘 크기, 실의 섬유, 게이지, 디자인 스티치 종류만 바꿔도 아주 다양한 결과를 만들 수 있다.

옵션 탐구 ↑

드로잉에는 스티치 위치와 실루엣의 비율이 조화를 이루는 여러 방식을 보여준다. 스케치로 다른 버전을 보여주는 것도 필수적이다. 그래야만 다른 아이디어도 개발될 수 있고 디자인 옵션도 완전하게 조사할 수 있다.

깃털처럼 가벼운 ↗

묵직한 울 코트나 비치는 시폰까지, 니트는 어떤 중량의 실이나 목적도 소화할 수 있다. 니트웨어의 섬세하고 얇은 성질은 더 촘촘한 부분과 간단한 스티치로 보완할 수 있다.

기본 테두리 및 마감 기법

셀프 스타트(SELF START)
풀립 원단을 뜻하는 말로 리브 자체로 시작이 되고 추가 마무리가 필요 없다. 모양을 잡기 위해서 시작할 때 3/8인치(1cm) 정도 더 촘촘하게 한다.

고무단(RIB)
겉뜨기와 안뜨기를 1×1, 2×2, 4×4 등 배수로 번갈아 뜬다.

겹단/튜블라(TUBULAR)
기계 니트에서 가장 흔하게 사용되는 마감처리다. 원하는 길이의 두 배로 니트를 직조하고 접은 뒤 안쪽 아래에서 끼워 넣어 납작하고 깔끔한 단으로 마무리한다.

연결단(LINKED)
따로 트림을 만든 후 옷이 완성되면 연결한다. 가장자리를 따라 코를 줍고 몇 단 트림을 붙이면 옷 안에서 시접이 생긴다.

피코뜨기(PICOT)
메리야스 테두리 중간에 포인텔 홀을 일정하게 만들어 장식단을 만든다. 그 단을 반으로 접어서 물결지게 한다.

플랫 스트래핑(FLAT STRAPPING)
풀니들립 트림은 안단, 옆트임, 네크라인 부위에 깔끔한 마무리를 위해 사용한다.

짧은 뜨기(SINGLE CROCHET)
코를 주워서 짧은 뜨기로 간단하게 마무리한다.

UNIT 13

원단 스토리보드 개발

원단 스토리를 구성하는 것은 진정한 예술이며 패션 디자인의
정수로서 반드시 마스터해야 하는 테크닉이다.

전문적인 기술을 갈고닦은 셰프도 평범함을 특별함으로
바꾸기 위해서는 자신의 개성과 참신한 신기술을 사용
해야 하는 것처럼, 패션 디자이너도 두 스펙트럼 사이에
서 균형을 잘 맞추어야 성공적으로 패션을 진일보시킨
다. 동시에 재료와 형태를 잘 접목시킬 수 있는 기술적
인 안목이 있어야 자연스럽게 작품으로 연결될 수 있다.
　　우선 컬러와 질감에 대한 스와치로 시작하면 일단은
기본 정보를 알 수 있다. 하지만 롤에서 풀어낸 원단을
크게 잘라서 인체 형태에 '임시 드레이핑'을 해봄으로써
원단 무게와 드레이프성이 디자인에 적합하게 맞는지를
확인하는 것은 각각의 스와치를 결정하기 전 반드시 실
행해야 하는 일이다.

중간 단계 ←→

원단 스토리보드를 확실하
게 준비하면 컬렉션 방향,
가격대, 소비자 라이프 스타
일까지 업그레이드할 수 있
다. 평직, 다양한 무게의 원
단, 쿨 코튼 평직 원단의 세
련된 컬러는 이 브리지 컬렉
션이 집중하고 있는 디테일
과 믹스앤매치 상·하의를
돋보이게 한다.

원단 디자인의 5가지 법칙

법칙 1: 디자인 구성이 복잡할수록 원단은 더 단순해야 한다.

솔기나 구조가 복잡한 디자인은 그에 맞는 원단이
필요하고 디자인 포인트를 잡아내지도 못한다. 원
단이나 구조 중 한 가지로 집중해야 관심이 분산되
지 않는다. 거칠거칠한 부클레 울을 유기적으로 봉
제한 시스 원피스를 상상해보자. 원단의 질감과 두
께 때문에 정교하게 봉제되어도 섬세한 라인은 찾
아볼 수 없을 것이다. 또한 복잡한 꽃무늬 프린트나
스팽글 원단은 그 자체로도 디자인적 요소를 충분
히 갖추고 있어, 구조적이고 정교하게 드레이프되
는 실루엣보다는 단순하고 끈이 없는 이브닝 튜브
드레스로 디자인하는 것이 더 적합하다.

법칙 2: 원단을 억지로 사용하지 않는다.

원단 특유의 무게와 드레이프성의 실루엣에 맞는
의상 형태를 선택해야 한다. 만약 원단의 무게가 디
자인 실루엣과 조화를 이루지 못하면 그 디자인은
설득력을 잃게 되며 확신과 의도를 알 수 없는 컬
렉션이 되어버릴 것이다. 원단이 부드럽고 흘러내
리는 성질이라면 테일러링을 하고 싶은 유혹은 버
려야 한다. 디자인이 웅장하고 조형적이라면 복잡
한 구조보다는 형태를 잘 살려줄 수 있는 원단을
고르는 편이 낫다.

법칙 3: 원단의 자연적인 성질을 강조하는 디자인을 한다.

모든 원단에는 개성이 있고 '목소리'가 있다. 패턴과
실루엣으로 이를 강조하면 디자인에 무게감이 생긴
다. 시폰을 여유롭고 너풀거리는 디자인으로 표현
해 본연의 가볍고 투명한 느낌을 전면에 드러낸다.

깔끔한 테일러링 룩에 적합한 두툼한 원단으로 주름을 잡거나 드레이핑을 하려는 생각은 버린다. 샤르뫼즈 혹은 그 정도로 광택 있고 흘러내리는 원단을 사용해서 드레이핑하고 주름을 잡으면 그 부드럽게 접힌 공간에 빛이 담겨 더 돋보일 수 있다.

법칙 4: 다이내믹한 컬렉션을 위해 다양한 무게의 원단을 사용한다.

다양한 무게의 원단을 사용한 원단 보드를 토대로 한다면 컬렉션의 실루엣과 구성 효과는 단조롭지 않을 것이다. 컬렉션 중심은 테일러링이나 부드럽고 흐르는 듯한 실루엣에 맞출 수 있지만, 대비되는 작은 요소를 사용하면 주요 컬렉션이 더 강조되어 보일 수 있다. 디자이너들이 자주 사용하는 방식은 한 컬렉션에 같은 옷을 다른 무게의 원단으로 사용해 한 번 더 소개하고 다른 개성을 가진 실루엣을 선보이는 것이다. 예를 들어 트렌치코트는 뻣뻣한 캔버스 원단으로 만들어 평상복으로 입지만 샤르뫼즈 원단으로 다른 비율과 디테일을 사용해 이브닝웨어로 사용할 수 있다. 사용한 원단의 효과가 다르다 보니 마치 디자인이 두 개 같은 효과를 불러일으키면서도 다자인의 일관성을 유지할 수 있어 비용 대비 효과가 크다.

법칙 5: 원단을 꺼내서 써볼 때까지 안심하지 않는다.

5×10cm의 스와치를 전체 원단에서 재단하여 옷으로 만들었을 때 차이는 크다. 원단을 꺼내 실제 크기로 드레이핑해 보면 그제야 드레이프성, 무게, 실루엣의 적절성, 패턴과 프린트의 실제 스케일을 가늠할 수 있다. 원단을 충분히 써서 실물 크기로 만들어보고 나서야 다른 무게의 원단이 필요하다는 것을 알게 될 수도 있다.

성공적인 원단 스토리보드란?

- 콘셉트와 테마를 뒷받침한다.
- 컬렉션에 일관성을 준다.
- 고객의 니즈, 취향, 라이프 스타일을 다룬다.
- 매장에서 자연스럽게 교체가 될 수 있도록 이전과 다음 출시 제품 사이에 미묘한 연관성을 유지한다.
- 제작 기법이나 응용 방식을 달리해 패션을 바꾼다.
- 디자이너의 아이덴티티와 이미지를 유지한다.
- 현재 트렌드를 다루면서 다음 트렌드 추세도 제공한다.
- 다양한 무게와 질감의 원단을 포함시킨다.
- 해당 시즌뿐 아니라 미묘하게 변하는 기온에 신경 쓴다.

원단의 양

6~8개 룩을 소개하는 캡슐 컬렉션에 필요한 원단의 양은 개인적인 선택, 소비자 니즈, 컬렉션 종류, 시즌에 따라 달라질 수 있다. 하지만 간단한 명제를 염두에 둔다면 기준에 따라 작업을 조정할 수 있는 바탕이 생긴다. 예를 들어 6~8개 룩의 스포츠웨어 캡슐 컬렉션을 위해서는 다음의 분량을 사용할 것이다.

만화경 속 아이들 ↑

패턴, 디테일, 장식에서 주는 다양한 시각적 질감으로 컬렉션의 분위기는 장난기 넘치며 특히 아동복이 그렇다. 패턴과 프린트를 다양하게 사용할 때는 컬러 맵이 조화롭게 진행되어야 컬렉션이 통일감 있고 명확하다.

강조되는 부드러움 →

인체에서 어디에 어떻게 움직임을 둘 것인지, 이것이 어떻게 극적인 효과로 이어질 수 있는지 고려해야 한다. 이번 발표는 바삭거리고 정적인 원단으로 시작해서 점차 부드러운 원단으로 진행하며 배치와 비율에 차이를 두었고 앞 패널을 가볍고 경쾌한 원단을 사용해 입고 걸을 때 한결 편안하게 느껴지도록 마무리했다.

2~3가지의 재킷/코트용 원단

시즌 온도에 따라 살짝 변화를 줄 수 있도록 다른 무게의 원단, 무지와 패턴, 천연과 합성(시장에 적합하다면) 직물, 원단과 가죽(레더나 스웨이드)을 고려한다. 이런 재킷/코트를 다른 실루엣과 스펙으로 다룰 때 원단이 어울리는지 확인한다. 예를 들어 대부분의 가을/겨울 스포츠웨어 컬렉션에서는 테일러드룩을, 주말에는 더 짧은 캐주얼룩을, 혹은 그 중간 느낌의 룩이나 아예 패셔너블한 아이템을 제시한다.

2~3가지의 정장용 원단

디자이너가 전부 정통 클래식 정장을 선보이는 것은 아니지만 대부분 컬렉션에서 이 카테고리의 실루엣은 정해져 있다. 버버리 같은 정통 브랜드부터 꼼데가르송 같은 혁신적인 브랜드까지 이와 비슷한 원단을 사용해 재킷, 팬츠, 스커트를 만든다. 이 그룹의 핵심 원단이라고 할 수 있다. 다른 카테고리처럼 단색과 함께 스트라이프, 체크, 프린트, 질감 있는 원단 등의 특수 원단도 고객에게 옵션으로 제공하는 것을 고려해본다.

2~3가지 셔츠/블라우스용 원단

매우 다채롭고 다양한 중량의 옵션이 있다. 셔츠와 블라우스용 원단은 기본 실루엣으로 사용되며 컬렉션을 뒷받침한다. 독특한 디자인 작품은 자체로 두드러지며 컬러, 패턴, 혹은 드레스처럼 큰 실루엣으로 레이어링이 필요 없다. 단색과 패턴, 투명과 불투명, 무광과 유광, 거칠거나 부드러움, 단순한 조직과 질감 있는 조직의 원단 등 모두가 다양한 실루엣을 연출하고 상품을 기획하는 데 한몫한다.

2~3가지 니트 원단

스포츠웨어 컬렉션에는 니트웨어가 반드시 포함되어야 한다. 니트웨어는 다트나 솔기가 없이도 몸에 잘 들어맞으며 니트 구조에 따라 수트로 테일러링할 수도 있으며 시폰처럼 얇을 수도 있고 두꺼운 코트 재질처럼 촘촘할 수도 있다. 재단해서 재봉하는 티셔츠에서 그 자체로 예술 작품이 되는 고도의 조형적 저지 니트까지, 니트웨어의 가능성은 무궁무진하며 특히 니트 스웨터가 그러한데, 원단이 원하는 패턴 형태와 모양대로 개발될 수 있다.

니트 작품의 개수를 구성할 때 2+1의 조합을 고려해본다. 재단 및 재봉 방식 두 가지와 니트 스웨터 한 벌 혹은 재단 및 재봉 방식 한 가지와 니트 스웨터 두 벌이다. 다양한 무게의 니트에 따라 무지, 패턴, 질감, 섬유 함량이 달라지면서 실루엣도 달라지고 판매 방식도 그에 맞게 변경된다.

2~3가지 장식 원단

장식 원단을 더하면 컬렉션에 놀랍고 드라마틱한 효과가 생긴다. 메인 원단과 아이템이 더 돋보이도록 작더라도 사용되는 편이다. 장식사 직조, 질감, 패턴, 원단을 사용하면 레이어드 룩이 더 돋보일 수 있다. 큰 실루엣에서 작은 부분이 사용될 수 있다. 레이스 캐미솔이나 메탈 브로케이드 원단의 색이나 질감으로 캡슐 컬렉션에 얼마나 큰 효과가 생길지 고려해본다. 자수 같은 원단 기법이 어떻게 메인 원단과 컬러에 영향을 미쳐 컬렉션의 보편성을 해체시키고 콘셉트나 영감을 전달할까?

UNIT 14

실루엣

디자이너들이 컬렉션을 준비할 때 많이 쓰는 장치는 실루엣의 반복이다.

컬렉션을 발표할 때 인체의 실루엣이 비슷하게 반복되면서 컬렉션의 핵심이 드러난다. 이런 실루엣에 대한 해석은 형태, 원단 중량, 배치, 비율에 따라 달라지지만 확실한 실루엣은 그 자체로 컬렉션에 통일감을 준다.

패션의 역사에는 앞선 시대와 대조되는 실루엣이 많다. 디오르 '뉴 룩'의 활짝 벌어진 플레어스커트와 테일러드 재킷은 날씬한 개미허리를 강조했으나 앞서 원단 거래가 제한됐던 제2차 세계대전 당시 실루엣은 더 슬림했다. 길쭉하고 허리선이 아래에 있는 1920년대의 실루엣은 수직 평행선을 사용한 중성적인 직사각형 실루엣이었다. 인체의 곡선을 무시했으며 20세기 초 코르셋으로 꽉 조인 모래시계 같은 허리에 대한 반발이었다. 더 근래인 1990년대의 부드럽고 헐렁한 어깨의 재킷은 1980년대의 어깨 패드를 넣은 매서운 파워 수트에 대비된다.

디오르 포에버 ←

디오르는 H라인, Y라인, 튤립라인, 숫자 8라인 등 실루엣을 테마로 컬렉션을 자주 열었다. 1955년의 A라인 컬렉션은 삼각형 실루엣이 특징이다.

붓다의 원 →

고대 티베트 예술에서 영감을 받은 이번 컬렉션의 코쿤 실루엣은 다양한 강도의 디자인을 선보이고 있다. 디자이너들은 가장 극단에서 시작해 디자인 강도에서 연관성 있어 보이는 정도까지 순수한 실루엣 콘셉트를 걸러낸다.

실질적인 고려 사항

각 룩에서 실루엣의 배치, 비율, 원단에 변화를 주면서 표현을 달리해 본다. 뻣뻣한 면 캔버스 하프 코트의 A라인 실루엣, 가벼운 캐시미어 니트 튜닉, 샤르뫼즈 바이어스컷 플레어스커트 모두 실루엣의 핵심을 전달하는 데 똑같이 효과적이다. 원단의 드레이프성과 질감, 옷의 비율과 컬러로 다른 느낌을 전달하고 A라인 실루엣에 대한 해석도 달라지지만 컬렉션의 핵심은 벗어나지 않는다.

균형 맞추기 →

컬렉션의 디자인 포커스가 원단의 변화
라면 실루엣은 주목의 대상이 되기보다
보조적인 역할이다. 디자이너가 개발한
이 독특하고 장인의 감각이 느껴지는
원단은 깨끗하고 단조로운 실루엣 덕분
에 시선을 사로잡는다.

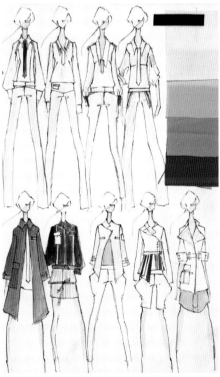

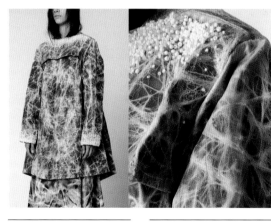

길고 날씬한 ←

테일러드 스포츠웨어의 수
직적인 실루엣은 깔끔하고
프로다워 보인다. '차갑고 조
용하고 침착한' 미감을 전달
하기 위해서 다양한 비율,
컬러, 질감으로 시선을 분산
시키지 않는다.

진화하는 아이디어 ↑

왁스를 입히고 비즈를 부착
한 원단에서 내뿜는 강력한
콘셉트의 방향을 복제해, 상
업적으로 팔릴 수 있는 원단
프린트로 만든다. 원단은 외
관상 비슷해 보이지만 중량
이 다른 원단은 대조적인 역
동성을 보이며 전체 컬렉션
으로 자연스럽게 연결된다.

UNIT 15

컬렉션의 기초

**컬렉션의 성공 여부는 디자이너가 전달하고 싶은 메시지가
얼마나 잘 정리됐는지에 달려 있다.**

모티프, 색, 원단, 고객 아이덴티티 특정성에 대한 기준의 강도는
달라야 한다. 그래서 있는 그대로 테마를 드러낼 수도 있고, 옷의
형태와 디테일로 더 넓은 콘텍스트를 전달하면서 영감을 나타내는
부분도 있을 것이다.

　디자이너가 쇼에 선보이는 룩의 개수를 감안했을 때 바탕이 되
는 테마를 일관성 있게 다양한 방식으로 풀어내는 것은 놀라운 일
도 아니다. 영감을 표현하는 정도를 달리하면서 디자이너는 쇼에
서 관객의 시선을 붙잡을 뿐만 아니라 동시에 충성 고객에게 한곳
에서 모든 것을 해결하는 '원스톱 쇼핑'의 기회도 제공한다. 고객은
매우 패셔너블한 옷을 입고 싶은 날도 있고 덜 과한 (그리고 아마도
더 편한) 익숙한 실루엣을 선택하는 날도 있을 것이기 때문이다.

　남성이나 여성으로 특정해서 컬렉션을 발표하는 디자이너도 많
지만 최근에는 타깃 고객들에게 젠더리스 컬렉션을 선보이는 방향
으로 움직이는 디자이너도 늘고 있다는 점을 고려하는 것도 중요
하다.

성공적인 컬렉션

컬렉션으로 패션은 진보한다

모든 디자이너의 목표는 매 시즌 성공적인 컬렉션을 선보이는 것
이다. 영감은 과거에서 받을 수도 있지만 패션은 항상 미래를 향하
며 기존 시장을 혁신하고 새롭게 개념을 정립하고자 분투한다. 새
로운 기술, 해석, 지속 가능한 방식, 목표를 발전시키고, 심지어 새
로운 소비자층을 만들어내며, 디자이너들은 우리 문화를 선도하고
산업을 혁신시킬 수 있는 새로운 길을 개척한다.

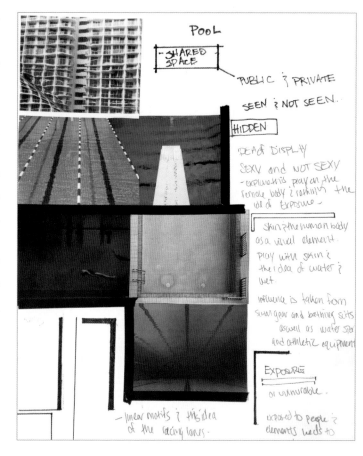

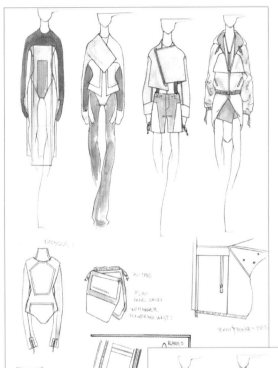

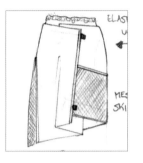

정확한 정보 ←↗

디자인 다이어리에 기록하는 여러분의 아이디어는 매우 정확해야 한다. 그림, 도식화, 디테일 드로잉, 메모 등 다이어리를 읽는 사람이 디자인을 정확하게 이해할 수 있어야 한다.

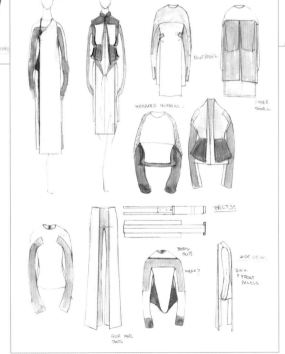

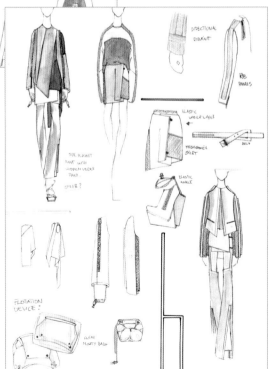

I II III IV V

다양한 상황에 적합한 상품을 기획해야 한다

디자이너는 고객에게 컬렉션에서 원스톱 쇼핑을 할 수 있도록 해야 한다. 테일러드 룩부터 소프트 룩, 평상복부터 외출복까지 옷장 속에서 꺼낼 수 있는 모든 제품을 기획함으로써 디자이너는 다양한 행사와 분위기에 어울리는 고객의 니즈를 맞출 수 있어야 한다.

일반적으로 패션쇼에서는 실루엣이 수직으로 떨어지는 테일러드 룩으로 시작해서, 개별 아이템을 중심으로 한 스포츠웨어의 다양한 컬러, 질감, 실루엣을 선보이며, 마지막으로는 파티나 모임에 어울리는 옷을 소개한다.

컬렉션을 준비할 때 콘셉트의 강도를 조절하면서 제시하는 정도를 넘어 콘셉트를 더 극단적으로 해석한 실루엣도 준비하는 것을 고려해야 한다.

발표의 순서에 따라 모멘텀이 생기고 서사가 보인다

패션쇼와 발표에서 필수적인 요소는 테마를 선보이는 순서다. 어떤 디자이너는 그룹별로 컬러를 정해서 전체 쇼의 맥락 안에서 소화하기 쉬운 소규모 캡슐 컬렉션을 연다. 알렉산더 맥퀸의 쇼에서처럼, 전형적인 요정 같은 실루엣으로 시작하여 극단적인 판타지의 세계로 강도를 높여가며 서사를 쌓는 쇼를 하는 디자이너도 있다. 또 다른 장치는 이런 극단적인 실루엣과 의상을 쇼 전반에 선보이며 쇼의 테마와 콘셉트를 연상시키는 동시에 평범한 룩 사이에서 컬렉션의 방향을 더 강조하는 역할을 맡기기도 한다. 어떤 장치를 사용하든 중요한 것은 이미 얘기했던 다양한 디자인의 포커스 사이에서 허를 찌르면서도 일관성을 유지하는 것이다.

3

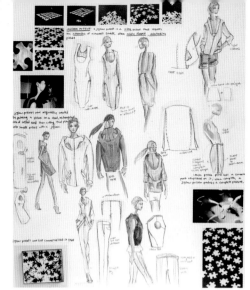

CHAPTER 3

디자인 과정 개발

컬렉션 준비에서 디자이너는 서로 연결되어 있는 창작 과정의 순서를 하나씩 따른다. 순서에 따라 컬렉션 서사를 발전시켜야 그 과정에 잡음이 없고 적절한 리서치를 바탕으로 빈틈없이 흘러간다. 영감, 콘셉트, 조사 자료들, 이미지 보드 제작, 원단 선택, 디자인 과정, 마무리까지 단계에 따라 작업하면서 디자이너는 중심을 잃지 않고 체계적이어야 한다. 이런 과정을 통해서 동료뿐 아니라 매거진의 패션 에디터, 소매업체의 피드백을 받을 수 있으며 시즌 컬렉션 준비에 더 매진하며 다음 단계로 나아간다.

스텝 바이 스텝 ↑

단계별로 디자인하는 것은 컬렉션을 준비할 때 가장 중요하다. 여섯 벌을 소개하든 예순 벌을 소개하든 관계없다. 시즌 컬렉션을 준비한다면 디자인은 독특하면서도 동시에 조화로워야 한다는 점을 반드시 기억한다.

평범하지 않은 평범함 ↓

디자이너들은 평범한 것을 특별하게 만드는 재주가 있다. 디자인의 독특한 비전과 감각을 형태와 비율에 투영하자 평범한 원단에서 활력이 느껴진다.

이번 섹션은 창작 과정을 위해 필요한 소위 '로드맵'에 대해 다룬다. 이 로드맵을 따라서 여러분은 영감의 구상 단계부터 작품의 각 영역을 콘셉트화하고 개발하고 다듬을 수 있다. 디자인 다이어리에 있는 디자인 과정, 상품 판매 계획까지 준비된 최종 버전에 대해서도 마찬가지다. 또한 컬렉션을 준비하는 순서는 전문 디자인실이 그 과정을 정확히 이해할 수 있도록 정리한다. 디자인 과정이 시작되기 전에 필요한 수량의 원단을 주문하고, 디자인 룩을 선택해 샘플을 제작할 준비가 되었을 때 원단이 도착할 수 있도록 해야 한다.

이번 장에서 일러스트와 함께 소개하는 용어들은 아이디어를 구상할 때 참조할 수 있는 기본적인 옷 디테일과 고전적인 실루엣에 대한 참고 자료를 제공한다. 구성 디테일에 관한 기초적인 실전 지식을 습득하여 원단, 컬렉션 콘셉트, 시장에 적합한 방법과 유형을 선택할 수 있다. 또한 상징적인 실루엣에 대한 이해는 컬렉션 콘셉트를 주제별로 구상하는 데 도움이 되며 옷의 카테고리와 의미에 대한 기존의 생각을 혁신적으로 바꿀 수 있는 토대가 된다.

연결 고리 만들기 ↘↙

라인업을 구상할 때 각각의 룩은 다음 룩으로 이어지는 디자인 요소를 가지고 있어야 한다. 이 컬렉션에서는 원단, 수평 밴드 모티프 같은 다양한 디자인을 사용하여 유려하고 일관적인 컬렉션을 만들었다.

UNIT 16

무드 보드

영화 시작 전에 흐르는 서곡처럼 무드 보드는 무드, 컬러, 고객, 디테일, 미학을 통해 향후 계획을 보여준다.

무드 보드는 컬렉션 개발 시작 단계에 디자인실 스태프들이 모인 자리에서 포트폴리오 그룹을 소개할 때 필요하다. 무드 보드는 작품을 둘러볼 수 있는 공간이 되며 디자인팀은 조사해야 할 자재와 원단의 정보를 얻는다.

무드 보드의 완성도는 미리 구상된 컬렉션의 의도된 분위기와 아우라를 보완하는 이미지 선택과 예술적 표현에 크게 좌우된다. 보이지 않는 것도 보이는 것만큼이나 중요하다. 이미지 비율, 배치, 컴퓨터나 다른 기기를 통한 보정, 종이 선택, 이미지 타입 모두가 의도와 목적을 드러내며 디자이너와 '새로운 관객' 모두에게 선명한 방향을 제시한다.

잘 만들어진 무드 보드를 보면 컬렉션에 호기심이 생기고 향후 계획도 알 수 있다. 디자이너가 사전미팅에서 의도한 시즌 방향을 논의하고 본격적으로 진행하기 앞서 피드백을 받을 때 무드 보드는 일반인에게도 호기심을 자아낼 수 있다.

말끔한 정리 ←
원단 보드를 마무리할 때 디자이너는 발표 순서대로 변하는 스와치를 정리한다. 그런 과정에서 컬러 리듬과 상품 기획의 적절성도 체크할 수 있다.

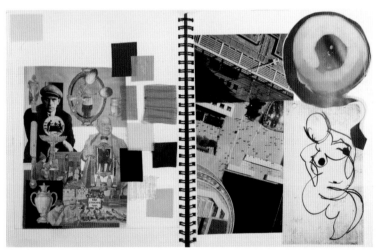

눈속임하기 ↗
예술과 건축에서 선을 어떻게 2차원과 3차원적으로 사용했는지 고려한 결과 디자이너는 사과 껍질이 2차원과 3차원으로 보이도록 했다.

원칙 따르기 →
사과 껍질과 껍질을 까는 동작에서 영감을 얻은 이 스케치가 중점을 두는 것은 선의 비율과 관계성이며, 남은 선이 어떻게 새로운 형태, 질감, 다양한 모티프의 개발로 이어지는지다.

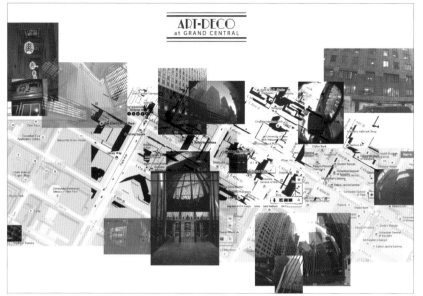

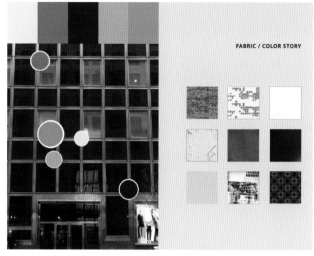

감정의 닻 ←

디자이너는 무드 보드를 사용해 디자인하면서 '생각의 방'에 들어간다. 잘 보정되고 편집한 이미지는 원단을 고르고 실루엣을 만들고 편집하며 컬렉션을 스타일링할 때 홈베이스이자 감정의 닻이 된다.

무드 색칠하기 ↑

컬렉션을 전개할 때 무드 보드는 많은 요소를 제공한다. 주된 역할은 컬렉션의 전체적인 무드와 영감을 전달하면서 거기서 또 다른 요소를 끌어내는 것이다. 이 보드에는 추가 리서치와 컬러 팔레트가 필요하다.

실질적인 고려 사항

무드 보드를 구성할 때 우선 고려해야 할 것은 컬렉션의 주요 메시지는 무엇이며 관객들이 컬렉션을 보고 느꼈으면 하는 감정이 무드 보드에 잘 나타나 있는지 분석하는 것이다. 컬러, 실루엣, 시대적 디테일, 스타일링, 질감, 원단 처리, 디자인 중심의 설명서 등 디자인 시 필요한 질적, 양적 재료에 대한 조사를 검토하고 편집해서 컬렉션을 장악한 콘셉트의 '제스처'를 보여주는 이미지들로 추린다.

무드 조성 ←

이 디자이너는 아르 데코의 전통적 특징을 그대로 반영하지 않고 당시의 고층 건축물 사진을 영감으로 삼고 있다. 테두리를 따라 그린 형태는 원단 프린트 무늬가 되었고 추상적이며 현대적인 재료 덕분에 컨템포러리 느낌을 풍긴다.

UNIT 17

옷의 구성

옷의 디테일과 고전적인 실루엣에 관한 용어를 잘 알아 두면 디자인할 때 활용할 수 있는 도구를 확보한 셈이다.

의상의 구조에 대한 이해는 테마와 영감에 맞게 컬렉션을 개념화하는 능력을 향상시킬 것이다. 디자이너는 사파리 재킷이나 세일러 칼라처럼 상징적인 옷이나 디테일에서 영감을 얻어 형태와 맥락을 발전시키고 개념적인 서사를 제안할 수도 있다.

다음은 옷 디테일과 상징적인 실루엣과 관련한 용어들이다. 비율, 원단, 컬러, 심지어 카테고리를 조정해서 컬렉션은 전에 없이 혁신적이고 진보적인 패션을 선보일 수 있다. 바이커 재킷을 가죽 대신 투명한 시폰으로 만든다면 그 목적과 카테고리는 어떻게 될까? 트렌치코트처럼 우븐 원단으로 만들던 실루엣을 니트 원단으로 구성한다면 그 옷을 입은 사람은 어떤 새로운 경험을 할까?

커프스(소맷부리)

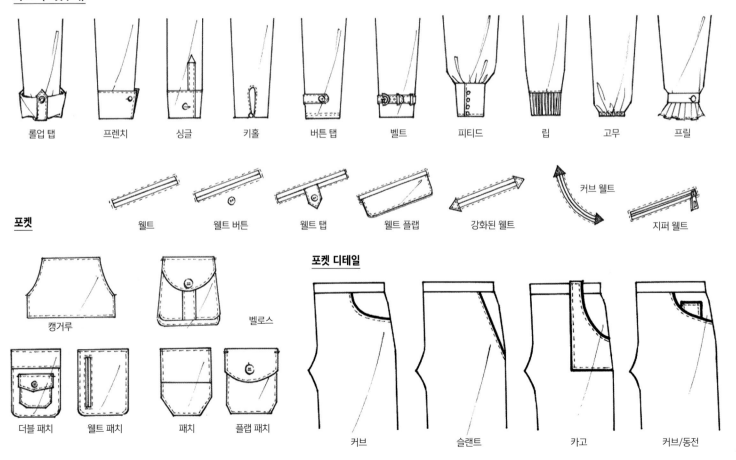

롤업 탭   프렌치   싱글   키홀   버튼 탭   벨트   피티드   립   고무   프릴

포켓

웰트   웰트 버튼   웰트 탭   웰트 플랩   강화된 웰트   커브 웰트   지퍼 웰트

캥거루   벨로스

더블 패치   웰트 패치   패치   플랩 패치

포켓 디테일

커브   슬랜트   카고   커브/동전

칼라/네크라인

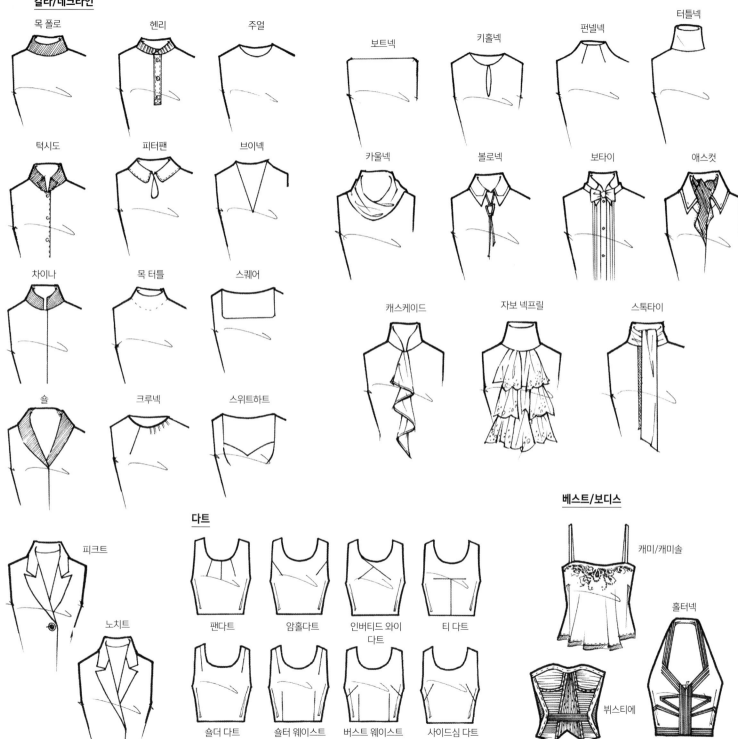

목 폴로　헨리　주얼

보트넥　키홀넥　펀넬넥　터틀넥

턱시도　피터팬　브이넥

카울넥　볼로넥　보타이　애스컷

차이나　목 터틀　스퀘어

캐스케이드　자보 넥프릴　스톡타이

솔　크루넥　스위트하트

다트

피켓

노치트

팬다트　암홀다트　인버티드 와이 다트　티 다트

숄더 다트　숄터 웨이스트 다트　버스트 웨이스트 다트　사이드심 다트

베스트/보디스

캐미/캐미솔

홀터넥

뷔스티에

상의 디테일

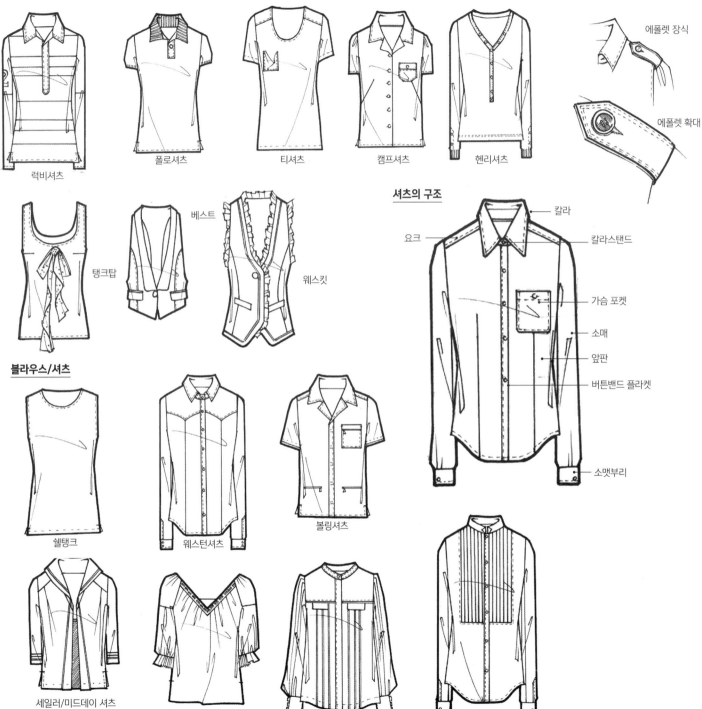

럭비셔츠

폴로셔츠

티셔츠

캠프셔츠

헨리셔츠

에폴렛 장식

에폴렛 확대

탱크탑

베스트

웨스킷

셔츠의 구조

요크

칼라

칼라스탠드

가슴 포켓

소매

앞판

버튼밴드 플라켓

소맷부리

블라우스/셔츠

쉘탱크

웨스턴셔츠

볼링셔츠

세일러/미드데이 셔츠

페전트/집시 블라우스

시인/아티스트 스목 블라우스

정장 턱시도 셔츠

코트/아우터웨어

코쿤 코트

피코트

밸머칸 코트

노퍽

모터사이클 재킷

파카

트렌치코트

매킨토시 코트

체스터필드 코트

켄트 블레이저

트래디셔널
블레이저

리전시 블레이저

더플코트

보머 재킷

슈러그

볼레로

윈드 블레이저

사파리 재킷

스커트

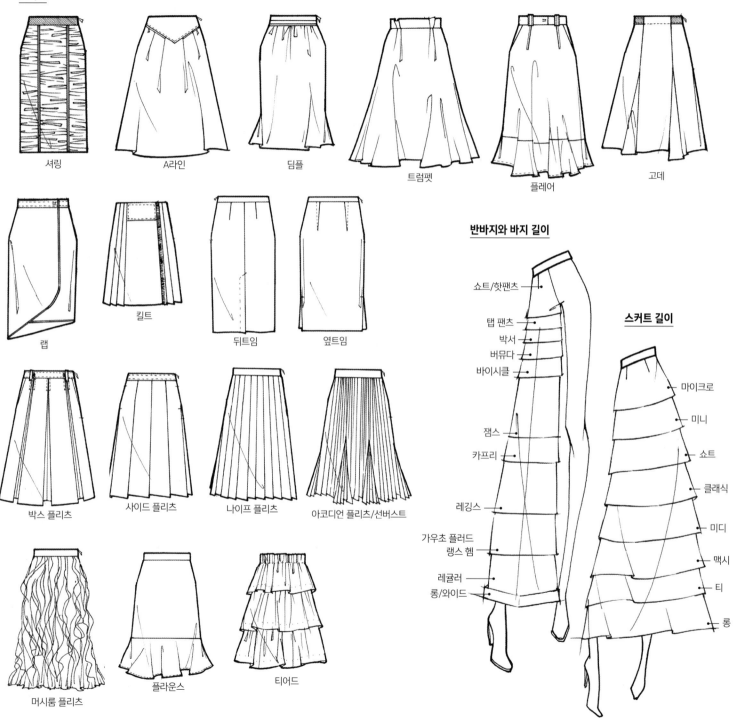

셔링

A라인

딤플

트럼펫

플레어

고데

랩

킬트

뒤트임

옆트임

박스 플리츠

사이드 플리츠

나이프 플리츠

아코디언 플리츠/선버스트

머시룸 플리츠

플라운스

티어드

반바지와 바지 길이

쇼트/핫팬츠

탭 팬츠

박서

버뮤다

바이시클

잼스

카프리

레깅스

가우초 플러드

랭스 헴

레귤러

롱/와이드

스커트 길이

마이크로

미니

쇼트

클래식

미디

맥시

티

롱

원피스

홀터넥 원피스

랩 원피스

트라페즈 원피스

슬립 원피스

엠파이어 라인 원피스

푸프 원피스

시스 라인 원피스

블루종 원피스

치파오 원피스

셔츠 원피스

피나포어 원피스

남성복

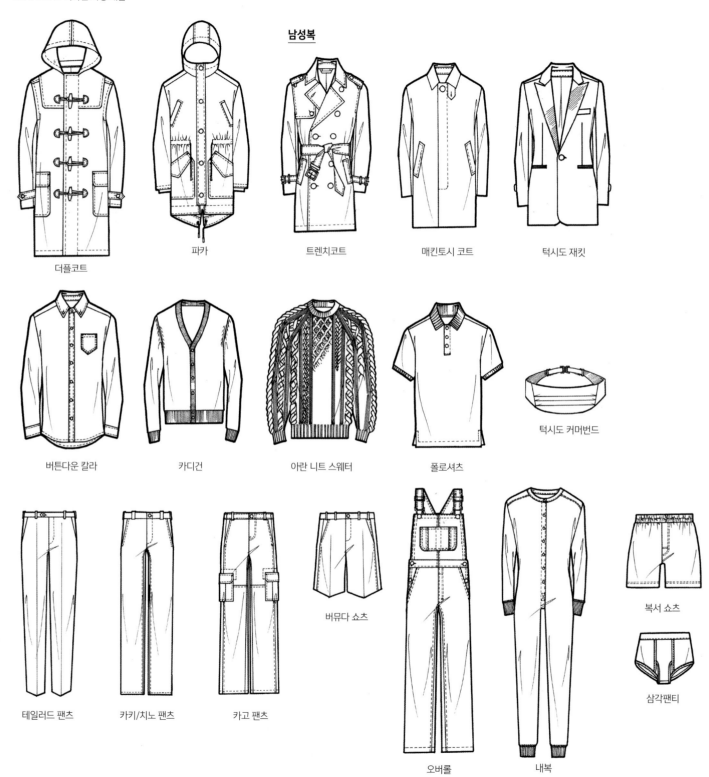

더플코트

파카

트렌치코트

매킨토시 코트

턱시도 재킷

버튼다운 칼라

카디건

아란 니트 스웨터

폴로셔츠

턱시도 커머번드

테일러드 팬츠

카키/치노 팬츠

카고 팬츠

버뮤다 쇼츠

오버롤

내복

복서 쇼츠

삼각팬티

UNIT 18
디자인 저널

디자인 저널은 우리가 지금까지 다룬 패션 디자인의
모든 기술적이고 개념적인 적용을 포함한다.

디자인 과정은 디자이너가 패션 디자인에서 마스터해야 하는 가장 중요한 부분 중
하나다. 컬렉션의 전개 방식과 우리가 지금껏 다룬 패션 디자인을 기술적, 개념적으
로 어떻게 적용하는지를 보여주는 비주얼 (때로는 질감) 다큐멘터리다. 디자인 저널은
디자이너에게 있어 창의적인 공간이다. 실험하고, 콘셉트를 제안하고, 구성을 명확
히 하고, 무드를 전달하고, 생각을 정리하고, 실수하고, 궁극적으로 성공적인 컬렉션
을 창조하는 공간이다.

실질적 고려 사항

모든 디자이너는 자신만의 독특한 스타일로 이 과정에 접근
한다. 아이디어를 발전시킬 때 가장 효과적으로 작동하는 시
스템을 찾는 것은 필수적이다. 창의적인 발전을 막지 않고
원활하게 작업을 할 수 있어야 한다. 디자이너에게 맞는 시
스템을 찾으려 할 때 저널의 크기, 종이 재질, 일러스트에 사
용하는 재료, 페이지 구성, 작품을 만드는 방법 모두가 실험
의 대상이다.

디자인 의도 ↓

컬러 배색, 깔끔한 선,
정확한 비율 모두가
명확한 정보 전달에
도움이 된다.

디자인 개발 과정

단순한 프레임으로 작업하면 더 명확하게 소통하
고 탄탄한 작품을 만들 수 있는 시스템이 만들어
진다. 디자인 개발을 위해 다양한 과정으로 실험할
때 다음의 기준을 고려한다.

저널의 크기

디자인 저널을 작업할 때는 가장 다루기 쉽고 한
페이지 안에 인체 드로잉 구성을 충분히 담아낼 수
있는 크기가 좋다. 디자인 과정에서 컬렉션이 어떻
게 전개되는지 살펴보는 것은 필수적이다. 디자인
의 전반적인 과정을 볼 수 없게 그림을 따로 두는
식의 구성은 바람직하지 않다. 가장 적합한 크기는
28×35cm 정도로, 젖거나 마른 도구를 모두 사용할
수 있는 종이여야 한다.

디자인의 표현 방식

디자인을 효과적으로 알리고 관객들의 관심을 끌
기 위해서는 여러 가지 요인이 필요하다. 그림 스
케일이 아주 중요한 요소인데 포켓 형태나 칼라 앵
글의 비율을 너무 작게 그리면 정확도나 디자인 의
도를 해칠 수가 있다.

중요한 것은 페이지에 디자인의 변화와 구성이 담
겨야 한다는 것이다. 인체를 활용해 옷의 비율을
나타내고 실루엣 디자인을 하면 디자인은 훨씬 명
확해지고 의도가 드러난다. 옷의 도식화를 사용하
거나 마감 디테일 같은 세세한 부분을 확대해 디테
일 설명을 해도 좋다. 디자인 저널에서 작업할 때
는 디자인을 시각적으로 명확하게 그리는 것이 중
요하다. 그래야 그림을 보고 디자인 과정을 알 수
있으며 디자이너도 진행하면서 제대로 정보를 볼
수 있다.

디자인 과정의 방법론

많은 디자이너들에게 있어 디자인 과정, 페이지 구성, 정확한 드로잉 같은 문제를 해결하면서 디자인 저널에서 컬렉션을 발전시키는 것은 생각만 해도 굉장한 일이다. 작업을 단순화하기 위해 과정을 두 단계로 나눈다.

» 페이지를 전략적으로 구성한다. 연필로 제스처 드로 잉을 그리고 옆에 디테일이나 도식화를 그릴 수 있게 빈자리를 남겨둔다. S커브와 골반이 있는 기초 인체 면 충분하다. 5~6페이지 정도 디자인을 한 뒤에는 잠시 휴식한다. 컬렉션의 무드와 콘셉트에 푹 빠져 있기 때문에 디자인이라는 창작을 시작하기 전에 재정비의 시간을 갖는다.

» 본인에게 잘 맞는 디자인 과정으로 시작한다. 어떤 디 자이너는 왼쪽에서 오른쪽으로 정리하는 순으로 작업 해야 디자인의 전개 과정이 눈에 명확히 들어온다. 먼저 제스처 드로잉을 그려 디자인한 뒤에 그 디자인을 바탕으로 공백에 더 정확하게 의복 도식화를 그리는 디자이너도 있다. 컬렉션의 특정 측면에 집중하는 것이 어렵거나 점진적으로 발전시켜야 하는 방식에 만 족하지 못한다면 연관성 없는 디자인을 작업하거나 도식화를 먼저 그릴 수 있다. 그런 뒤에 시각적으로 부족한 부분을 처음 디자인을 바탕으로 모티프, 컬러, 원단을 차근차근 전략적으로 사용하며 메운다.

어떤 디자인 방식을 택하든 디자인 저널에는 디자인 과정이 시각적으로 정리되어 있어야 하며 테마를 해석해 컬렉션으로 만드는 과정도 담겨야 한다. 또한 디자인과 콘셉트 아이디어를 명확히 전달하고 컬렉션에 사용되는 모티프와 다양한 디자인 버전도 담아서 상품 기획의 옵션으로 활용되어야 한다.

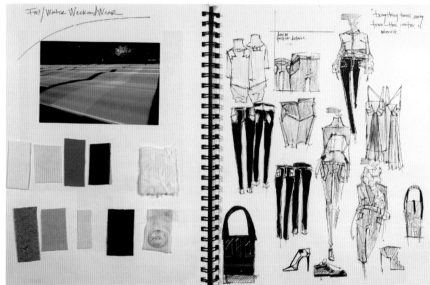

캐릭터 스케치 ↑↑

일러스트 스타일, 드로잉 레이아웃, 디테일이 담긴 도식화, 글에서 디자이너의 미학이 드러나며 소비자에게 정보를 제공한다. 다양한 방식으로 그리는 전문 패션 일러스트를 보고 어떤 방식이 가장 좋을지 영감을 얻을 수도 있다.

순서 정하기 ↑

그룹별로 동일한 레이아웃의 프레임 덕분에 디자인 전개에 집중할 수 있다. 자료 조사, 샘플 원단, 디자인이 서로 조화롭게 훌륭한 서사를 완성시킨다.

요소별 정리하기 ↗

컬러, 프린트, 원단, 모티프에 대한 다양한 영감의 요소들을 분석하는 것은 모두 잘 계획된 초기 자료 조사에서 나온다. 디자인 요소를 찾기가 힘들 때는 영감이 타당한지 다시 고려해본다.

잘 만든 디자인 저널의 특징은 무엇인가?

정리된 프레임

디자인 저널 안에 모든 그룹을 위한 프레젠테이션 레이아웃을 유지한다면 옷에 더 집중하기 쉬워진다. 각 그룹은 영감, 원단 샘플, 그룹당 40~50가지 디자인 아이디어, 액세서리, 그룹을 구성하는 6~8가지 편집의 순서로 구성된다. 영감과 원단을 먼저 소개하는 이유는 관객이 컬렉션의 컬러, 원단, 모티프, 실루엣, 무드에 대한 맥락을 알 수 있기 때문이다.

명확한 소통

메모 사용, 어울리는 원단, 원단 스와치에 정확하게 어울리는 컬러, 디자인의 의도를 명확히 표현할 수 있을 만큼 큰 드로잉, 잘 구성된 페이지를 본다면 디자인 과정을 잘 이해할 수 있다. 디자인의 의도와 정확한 스펙도 선명하게 보여준다.

디자인 맥락의 깊이

잘 디자인된 그룹은 영감과 관련이 있기에 깊이와 맥락이 있다. 처음 디자인할 때는 컬렉션을 있는 그대로 표현하거나 극단적인 측면을 강조하며 시작한 뒤 점차 컬렉션을 수정한다. 실루엣, 원단 처리, 컬러의 연관성, 옷 구성 등 조사에서 뽑아낸 날것 그대로의 순수한 형태에서 영감과 무드는 그대로 있지만 더 큰 맥락의 디자인으로 어떻게 바꿀 수 있을까?

다양한 구성과 옵션

디자인 저널을 이용하는 주된 목적은 처음에 했던 디자인을 다양한 버전으로 확장시켜 여러 가지의 옵션을 연구하고자 하는 것이다. 옷의 비율과 디테일을 바꾸고, 같은 실루엣으로 제작하고 코디할 수 있는 새 방법을 찾고, 컬렉션 스타일링을 다양하게 변화시키고, 일관성 있는 컬렉션을 위해 다른 아이템에도 같은 디테일과 모티프를 사용하는 등 디자이너가 최종 컬렉션에 선택할 다양한 옵션을 만들어본다.

전략적인 상품 기획

원단 수량, 그 원단을 사용할 실루엣, 다양한 행사를 위한 옵션, 계절의 온도 차에 따른 작은 변화, 있는 그대로부터 여과를 한 것까지 다양한 디자인 강도 등이 모여 타깃 고객의 니즈를 충족시킬 수 있는 훌륭한 컬렉션이 구성된다. 소매업체는 고객에 잘 맞는 옵션을 골라 상품을 선택할 수 있다.

정체성

디자이너로서 중요한 특징 중 하나는 디자인 저널을 통해서 독특하고 잘 규정된 개성과 정체성을 전달함으로써 작품에 대한 확신을 보여주는 것이다. 어떤 드로잉 스타일이 소비자에게 잘 이해될지 고민한다. 일러스트 재료, 인물 스타일링, 레이아웃, 구성, 텍스트 사용과 스타일, 이미지와 스와치 붙이는 방식을 비롯하여 예술 연출에 관한 여러 가지 요소의 선택으로 명확하게 미학과 정체성을 드러낼 수 있을까? 매장 디자인은 옷의 미학을 돋보이게 해야지 옷보다 눈에 띄면 안 되는 것처럼 디자인 저널도 마찬가지다. 그 점을 명심해야 한다.

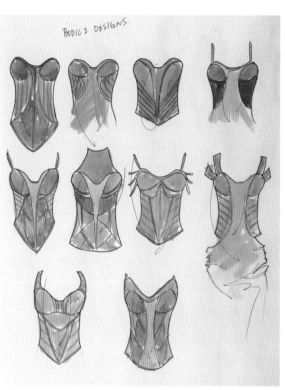

정보 고속도로 ←←

이 고급 블라우스 전개 과정에서 보여주는 것은 옷의 개성은 조금만 변형을 가해도 바뀔 수 있다는 점이다. 시폰 블라우스의 봉제선을 보면 실루엣은 전부 비슷하지만 각각 다른 느낌을 주고 있다.

테마에 관해 메모하기 ←

디자인할 때 비율, 컬러 관계, 디테일, 요소의 배치로 실험을 해보아야 한다. 여러 버전이 있으면 가장 좋은 해결책을 찾을 수 있으며 아이디어를 더 발전시킬 수 있다.

준비된 템플릿 ↓

디자인을 전면과 후면에서만 보지 말고 모든 각도에서 고려해보아야 한다. 전면과 측면에서 바라본 드레스폼의 복제 이미지를 템플릿으로 삼으면 아이디어가 떠오를 때 쉽게 스케치할 수 있다.

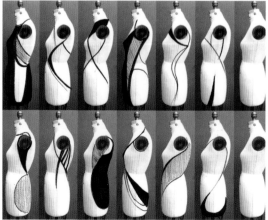

첫인상 →

암시적인 실루엣과 모티프
는 스케치 단계에서 앞으로
진행될 과정에 대한 초기 아
이디어를 제공한다. 페이지
를 만들면서 점차 작업이 발
전하고 성숙해지며 훌륭한
디자인이 나온다.

첫 번째 수정

최종 선택 ←↓

2D와 3D 디자인 개발을 마
치고 디자이너가 마지막으
로 선택한다. 그룹의 순서와
강도, 소비자 니즈, 디자인의
조화, 원단과 컬러 배분, 통
일된 분위기를 고려하여 선
택한다.

두 번째
수정

UNIT 19

선택과 상품 기획

디자이너가 성공하는 주된 요건 중의 하나는 끝없이 이어지는 스케치를 정리해서 일관성 있고 팔릴 수 있는 상품으로 구성한 컬렉션을 만드는 능력이다.

재료를 섞어서 예술적이고 상업적인 컬렉션을 완성시키고 싶은 의도를 최대한 살리기 위해서는 소비자에 대한 정확한 정보 습득, 패션 트렌드에 대한 예리한 통찰력, 소매업체 및 고객과의 긴밀한 관계 형성, 소비자 대상의 브랜드 이미지 제고를 위한 전략적인 계획 수립이 필요하다.

누구든지, 언제든지 입을 수 있는 옷

어떤 디자이너는 캣워크를 위한 컬렉션으로 언론 홍보 효과만을 노린 작품을 선보이고 이후 첫 쇼에서 발표한 작품을 수정해서 두 번째 컬렉션을 열고 소매업체에 판매한다. 패션쇼를 열지 않는 브랜드의 경우는 상품 기획 공식이 엄격히 정해져 있다. 매장 출시 일정, 컬렉션 내에서의 옷 종류 비율 등이다.

상품 기획에서 핵심 요소는 소비자에게 원스톱 쇼핑을 제공하는 아이디어다. 컬렉션은 디자인 강도와 영감 해석의 정도가 다른 모든 상품을 구성해야 한다. 컬렉션의 무드, 원단, 가격대는 통일시켜야 하지만 패션을 앞서가는 디자인의 재킷 외에도 좀 더 평범한 실루엣의 재킷도 선보여야 하는 것이다. 그래야 두 부류의 고객을 유인할 수 있을 뿐 아니라 핵심 고객층에게 두 가지의 다른 상황과 분위기에 맞는 기본 실루엣도 제공할 수 있다.

평범부터 비범까지 ↗

이처럼 성공적으로 상품 기획이 된 컬렉션에서는 소비자에게 다양한 옵션을 제공해 실루엣, 원단, 디자인 정도, 가격대 등을 카테고리별로 선택할 수 있게 한다.

없는 게 없는 패션 ←

낮부터 밤까지 입을 수 있는 옷으로 구성된 이 컬렉션에서는 고객들의 옷장에 필요한 모든 것을 제공한다. 상품을 기획할 때 소비자의 라이프 스타일, 지향점, 열망, 그리고 속하고 싶어 하는 '세계'를 잘 고려해야 한다.

상품 기획 공식의 예

상품 기획의 공식은 시즌이나 고객에 따라 달라질 수 있지만 기본적으로 여섯 가지 룩의 컬렉션은 다음의 상품으로 구성된다.

3벌의 아우터

아우터는 테일러드, 쇼트, 특수 원단 버전 세 가지를 포함한다. 가을/겨울 컬렉션을 예로 들면 공식적인 자리를 위한 무릎 기장의 카멜 헤어 코트, 덜 추울 때 입을 수 있는 윈도페인 패턴의 중간 중량 울 펠트로 만든 힙 기장의 피코트, 캐시미어 안감을 댄 나일론 후드 앞 지퍼 캐주얼 재킷이다.

2~3벌의 재킷

모든 디자이너가 테일러드 재킷을 내놓는 것은 아니지만 이 카테고리는 원단 중량에 따라 다뤄야 한다. 원단에는 울, 코튼, 가죽, 스웨이드, 나일론, 탄성이 없고 테일러링할 수 있는 니트가 있다. 공식적인 자리를 위한 바지 정장, 패턴이나 프린트가 있는 원단으로 만든 어깨선이 부드럽고 덜 조형적인 재킷, 캐주얼한 실루엣의 평상복 가죽 아우터웨어나 금속사 원단으로 만든 크롭 스타일 재킷이다.

2~3벌의 우븐 셔츠/블라우스

단순하고 클래식한 실루엣은 레이어링할 수 있는 아이템이다. 복잡한 디자인의 실루엣은 단독으로 입는다. 디자이너들은 저마다 다양한 디자인과 원단으로 만들지만 브랜드의 미학에 따라 최소한으로 제공하는 디자이너도 있다. 캡슐 컬렉션은 레이어링 아이템인 클래식한 크리스프 화이트 코튼과 멀티 컬러 프린트의 실크 조젯 블라우스, 바이어스 컷 드레이프의 샤르무스 홀터넥 탑으로 구성된다.

2~3벌의 니트웨어

셔츠/블라우스 카테고리와 비슷하게 니트웨어도 레이어링 아이템이 있고, 자체로 강렬한 존재감이 있는 독특한 디자인의 니트웨어도 있다. 니트웨어를 기획할 때는 그룹 안에서 중량을 다양하게 변화시키는 것이 중요하다. 그래야 소비자들이 봤을 때 아이템이 중복되어 보이지 않는다. 저지 편물을 봉제한 긴소매 티셔츠, 얇은 캐시미어, 조형적인 립 니트 디테일의 카디건, 패턴과 그래픽이 있는 중간 굵기의 코튼 스웨터, 질감의 요소를 주기 위해 짠 스웨이드 코드, 한눈에 들어오는 청키 울 스웨터 등은 소비자에게 다양한 경험을 선사하고 목적에 맞는 옷을 고를 수 있는 니트웨어 옵션이다.

2~3벌의 팬츠

와이드 팬츠, 슬림 팬츠, 테이퍼드 턴업 팬츠, 허리 주름 있는/없는 팬츠, 테일러드 팬츠, 끈으로 묶는 운동복 바지, 심지어 니트 레깅스까지 소비자는 다양한 형태, 디테일, 원단의 팬츠 실루엣을 고를 수 있다. 통이 넓어 움직이기 편한 와이드 실루엣의 테일러드 팬츠부터 입으면 길쭉해 보이는 뻣뻣한 스토브파이브 팬츠 그리고 나일론이나 샤르무즈처럼 광이 나고 종류가 많아 캡슐 컬렉션에서 따로 카테고리를 정해 다룰 수도 있는 특수 소재에 이르기까지, 다양한 실루엣과 원단에 어울리는 디자인을 하기 위해 관심을 기울여야 한다. 이 카테고리에는 봄/여름 컬렉션을 위한 반바지도 포함된다.

2~3벌의 스커트

팬츠의 상품 구성과 마찬가지로 스커트도 카테고리, 무드, 소비자 니즈에 맞게 구성되고 실루엣, 원단 중량, 디자인 디테일 정도에서 변화를 준다. 테일러드 재킷에 사용한 원단으로 재단한 심플한 A라인 스커트부터 지퍼와 상침 스티치 디테일이 있는 나일론 스커트, 무릎 기장의 바이어스 컷, 샤르무즈 프린트 스커트처럼 평상복부터 약간 멋을 낸 외출복으로 입을 수 있는 스커트까지, 캡슐 컬렉션은 용도가 다양하고 다른 아이템과 코디해서 입을 수 있는 스커트를 선보여야 한다.

1~2벌의 원피스

원피스 개수와 디자인 복잡성의 범위는 다양하다. 여러 가지 컬러 옵션이 있고 다른 아이템을 돋보이게 하는 단순한 스트레이트 라인의 시스 원피스나 탑이 같이 매칭되는 더 복잡한 디자인의 원피스도 있다. 훨씬 격식 있는, 매트 저지로 만든 조형적인 드레이프의 칼럼 원피스와 코튼 보일 원단의 디테일이 있는 서머 원피스도 있다. 이런 원피스가 디자인의 강도나 원단을 통해 다른 옷 없이 단독으로 포인트가 될지, 아니면 컬렉션과 연관 있는 컬러나 모티프를 사용하지만 위에 레이어링하는 아이템을 돋보이게 하는 더 단순한 실루엣이 될지 고민해본다.

같은 컬러, 다른 룩 ↗→

브라운, 화이트, 그 중간 셰이드 컬러가 컬렉션의 중심을 잡고 있으며 예술적인 원단 처리와 구성 디테일로 단조로움을 피했다. 컬러 팔레트를 최소화하면 옷의 디테일, 실루엣, 원단은 컬렉션 내에서 훨씬 다양해져야 한다.

유람선 여행 ←

특정 카테고리를 위한 상품은 소비자의 라이프 스타일의 서사에 맞춰지는 경우가 많다. 부드러운 원단과 편안한 실루엣은 에게해 여행을 영감으로 한 크루즈 컬렉션의 분위기를 반영한다.

나가서 놀자! ←

모티프, 역동성, 그래픽 질감이 이 남아 아동복 컬렉션에 장난기 넘치는 분위기를 전달한다. 기온 변화, 여러 가지 행사, 디테일 종류를 담아냈기 때문에 컬렉션에 대한 소비자 수요가 더 확대된다.

페이지 편집

디자인 과정이 끝나면 최종 룩이 발표되는 순서대로 카테고리화 하여 페이지를 편집해야 한다. 이 페이지에서 디자이너는 그룹의 디자인을 살짝 수정해서 전체적인 룩의 조화를 이룬 뒤 광목으로 샘플을 제작한다. 룩을 함께 보면서 컬러 플로우, 질감 배치, 구성, 모티프 조작, 실루엣 일관성, 디자인 강도의 관점에서 컬렉션을 재평가한다. 전통적인 스포츠웨어 컬렉션에서는 아이템이 믹스앤매치로 서로 잘 코디될 수 있도록 해야 한다. 그래야 소비자들이 스타일링하고 싶어 하는 대로 전체 룩을 제공할 수 있다.

4

CHAPTER 4

실습

성장 중인 전문가로서 여러분은 반드시 패션 디자인 과정을 다양한
방식으로 접근하는 방법론을 배워야 한다. 다양한 종류의 리서치 기
초, 개념적 적용, 성공적인 컬렉션을 위한 방법을 연구함으로써 디
자이너는 가장 성공적인 방법을 찾는다. 안락한 상태에서 벗어나서
익숙하지 않은 디자인 과정에 도전한다면 여러분의 창의성 근육은
자극되고 단련될 것이다.

이번 장에서는 컬렉션을 준비할 때 가장 흔하게 사용되는 콘셉트
를 이용해 개인적인 연습을 해볼 것이다. 디자인 과정은 프레임 안
에서 달라지지만 그 결과와 컬렉션의 평가법은 늘 같다. 존 갈리아
노나 알렉산더 맥퀸의 역사적 서사에서부터 나르시소 로드리게즈와
이사벨 톨레도가 고안하는 조형적이고 깨끗한 선, 후세인 샬라얀과
꼼데가르송의 레이 가와쿠보의 개념 충만하고 선구적인 아이디어까
지, 디자이너들은 매 시즌 자신의 정체성을 다져가고 예술가적 개성
을 개발하는 한편 현재 패션 산업을 혁신하고 있다.

장식과 질감 ↑
특별한 디자인은 컬렉션에 잊을 수 없는 인
상을 준다. 디자이너의 디자인 디테일을 녹
여내는 방식대로 컬렉션의 특징과 브랜드
이미지가 된다.

다양한 디자인 →
컬렉션에는 다양한 디테일과 실루엣이 포함
되어야 한다. 단순하고 고전적인 디자인과
디테일과 조형적인 디자인을 함께 제공해야
소비자 니즈가 충분히 만족된다.

전문가로 성장해가는 과정에서 다음의 기준들을 반드시 염두에 두어야 한다.

- 관점을 유지하고 테이블에 새 '플롯'을 올리는 것이 필수적이다. 디자인은 반드시 새로울 필요는 없지만 프레임은 새로워야 한다.

- 기술 혁신과 사회정치적 상황, 문화 변동, 소비자 행동 등 변화하는 세계에 발맞추는 능력은 필수적이다. 패션 디자이너는 향후 1년 혹은 그 이후의 소비자 동향을 알기 위해 노력해야 한다.

- 패션업계는 다방면으로 재능 있는 디자이너를 원한다. 오늘날 의미 있고 미학적으로 수요가 있는 것을 만들 수 있어야 하며 소비자의 라이프 스타일과 동기를 이해할 수 있어야 한다.

- 디자이너는 자신의 작업에 콘텐츠와 콘텍스트가 있어야 한다. 또한 역사적, 문화적, 사회적, 정치적, 경제적 관점에서 오늘날의 세계에 관심을 잃지 말아야 한다.

- 현재의 시장 상황과 그 안에서 어떻게 만들고 운영할 것인지를 이해하고, 기본적인 비즈니스 감각을 키운다면 더 시장성 있는 관점을 가질 수 있다.

- 성장 중인 디자이너는 컬렉션을 만들 때 필요한 여러 가지 방법을 탐구하면서 창의력을 키워야 한다. 영감의 종류, 자재, 콘텍스트와 콘텍스트의 활용, 소비자 범위, 가격대를 연구해야 한다.

- 필요한 기술을 습득해야 디자인을 이해할 수 있다. 그래야 디자이너의 기술적인 어휘도 늘고 가장 최선의 기술을 통해 문제를 해결할 수 있다.

- 디자이너는 디자인이 어떤 단계에서는 문제 해결이라는 점을 이해해야 한다.

- 오늘날의 디자이너는 모든 분야에서 능력을 갖추어야 한다. 교육을 통해 일러스트, 재봉, 디지털 기술, 개념론에 통달한 완성형 디자이너로 성장할 수 있다.

쇼핑 리포트

매장에 비치된 컬렉션을 보고 패션 동향을 파악하는 것은 정보를 얻는 아주 좋은 방법이다. 매장을 둘러볼 때 항상 염두에 두어야 할 중요한 요소들에 대해 알아본다.

학생이든 전문 디자이너든 쇼핑 리포트를 작성하면 시장 트렌드에 대한 최신 정보를 얻고 옷의 구성, 마감 기법, 원단, 컬러 스토리, 상품 기획, 잘 팔리는 제품, 매대에 진시된 제품, 소비사의 반응이 가장 좋은 제품에 대해 알 수 있다. 상점을 방문하면 쇼핑하는 경험과 환경이 디자이너의 비전과 옷에 미치는 영향에 대해 알 수 있다.

소비자 프레임 ←→

디자이너는 자신의 타깃층에 대해 정확히 규정하고 있기 때문에 컬렉션의 포커스가 흔들리지 않고 잘 편집되어 있다. 이 그루핑의 그래픽 무늬와 뉴트럴 톤은 혁신적이고 과감한 조형적 구조를 선호하는 소비자에게 어필한다.

빅 플레이어

삭스 피프스 애비뉴, 바니스, 블루밍데일 같은 대형 백화점을 방문했을 때 어떤 디자이너끼리 디스플레이되는지 살펴본다. 비슷한 타깃 고객과 미학을 기준으로 디스플레이해야 소비자가 비슷한 스타일, 가격대, 핏을 가진 브랜드를 쉽게 접할 수 있다.

목표

• 잘 팔리는 컬렉션 제품과 쇼핑 경험을 분석한다.
• 디자이너가 꿈꾸는 세상과 미학적 정체성에 환경이 미치는 영향을 이해한다.
• 환경과 경험이 어떻게 옷의 튼튼한 기초가 되는지 주목한다.

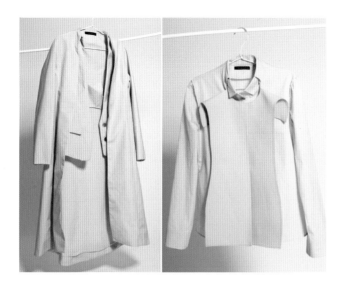

방법

매장을 방문하고 다음 카테고리에 따라 느낀 인상을 메모한다.

옷

- » 시장을 구별한다: 디자이너 브랜드/브리지/중저가/저가.
- » 컬러 스토리는 무엇인가?
- » 사용한 원단 리스트: 섬유 구성, 특정 원단명.
- » 옷 디테일에 주목한다: 비즈/원단 프린트/악센트 스티치/주름/워싱/로고 버튼/로고 지퍼/로고 리벳/패치 포켓/카고 포켓. 위치, 이미지, 크기, 형태, 사용된 재료를 고려한다.
- » 옷의 상품 구성에 대해 생각한다: 바지보다 스커트가 더 많은가?
- » 특정한 스타일이 몇 벌이나 걸려있나?
- » 제공하는 사이즈를 주목한다: XS/S/M, 2/4/6, 36/38/40.
- » 옷의 핏을 확인한다.
- » 컬렉션의 영감과 전체적인 인상은 무엇인가?
- » 무엇이 머스트 해브 아이템이며 시즌 주력 아이템인가?
- » 옷에 대한 감상은 어떠한가?
- » 일부 옷의 디테일을 드로잉한다.

리테일 경험

- » 매장 내 배치도/분위기를 고려한다: 조명, 음악, 향, 컬러 배치.
- » 매장 내 배치가 컬렉션을 보완하는가? 아니면 보완하지 않는가?
- » 어떤 사람이 손님인가?: 나이, 직업, 라이프 스타일 등.
- » 어디서 그 옷을 입는가?
- » 부티크와 가까운 곳 혹은 같은 층에 어떤 디자이너 숍이 있는가? 비슷한가? 어떻게 비슷하고 왜 비슷한가?
- » 상점의 위치는 어디이며 그로 인해 고객과 미학에 대해 알 수 있는가?
- » 어떤 숍이 가까이 있는가? 가격대와 소비자층은 비슷한가?
- » 건축이 고객에게 어떤 종류의 경험을 주는가? 매장 내에서 어떤 기분이었는가? 이런 관점이 소비자와 패션을 선택하는 데 어떤 연관성이 있는가?

콘셉트로 만든 구성 ↖

이 업데이트된 셔츠와 트렌치코트의 '샴쌍둥이' 효과는 다른 방식으로 옷을 연결하는 콘셉트를 가지고 있으며 개념이 잘 정립된 컬렉션이다.

평범을 비범으로 ↑

전통적인 남성복 셔츠를 과감하게 해석하여 재구성했다. 실루엣이 익숙한지 혹은 혁신적인지에 따라 소비자의 라이프 스타일과 제품 사용법을 말해준다.

미래의 형태 ↑

건축가 루이스 칸이 상징적으로 사용한 삼각형과 원(오른쪽 위)을 영감으로 한 이브닝웨어 컬렉션이다. 다양한 원단과 장식을 사용하여 만든 삼각형 주름과 실루엣, 완전한 원형 헴라인과 액세서리 디테일이 조화를 이룬다.

목표

- 건축과 디자인이 개성과 연상을 반영하는 법을 배운다.
- 특정 시기/구조를 연구한다.
- 시각적 재료와 콘셉트를 추론한다.

ASSIGNMENT 2

건축

건축과 패션 디자인은 인간의 환경과 인체 공학의 필요성을 다뤄야 한다는 점에서 매우 유사하다. 이번 과제에서는 디자인 영감의 원천으로서 건축 양식을 살펴본다.

호화로운 이탈리아 바로크 시대에서 질서정연한 대칭의 조지 왕조 시대, 직선과 기하학의 미스 판 데르 로에까지 건축이 주는 영감은 패션의 미학만큼이나 다양하며 오늘날 소비자들에게도 유효하다. 디자인의 모든 면과 마찬가지로 건축도 사회의 변화에 반응해 왔다. 예를 들어 미술 공예 운동은 당시 위세를 떨친 디자인의 산업화에 대한 반감으로 생겼고 수공예품을 반영한 디자인을 만들려고 노력했다. 이런 이유로 건축은 디자인 영감의 비옥한 원천이다.

건축 양식의 연대표

고전주의(BC 400년~)

고대 그리스와 로마의 대표적인 양식으로 오늘날에도 사용되는 엄격한 비율과 공식을 따랐다.
특징: 과감하고 심플한 몰딩, 원주 기둥의 콜로네이드, 두꺼운 코니스(돌림띠), 대칭적인 형태, 지붕의 페디먼트
예: 아테네의 파르테논 신전

고딕(1100년~1400년대 중반)

로마네스크와 스페인에 있는 무어인 건축의 아치에서 발전했다.
특징: 뾰족한 아치, 리브 볼트, 플라잉 버트레스, 스테인드글라스 창문, 가고일
예: 파리 근교 샤르트르 대성당, 파리 노트르담 성당

르네상스(1400년~1600년)

고전주의 양식의 건물을 단순화했다.
특징: 대칭, 고전주의 기둥, 삼각형 페디먼트, 비율과 선, 둥근 아치, 돔
예: 이탈리아 비첸차의 빌라 로툰다, 바티칸 시국의 성 베드로 대성당

바로크(1600년~1800년대 초)

이탈리아, 프랑스, 영국, 스페인 식민지에서 유행한 건축 양식이다.
특징: 호사스럽고 매우 복잡한 장식
예: 파리의 베르사유 궁전, 교황이 지정한 성당

방법

선택한 영감을 분석하고 컬렉션을 준비하며 다음 질문에 대한 답을 찾을 때 다음 틀을 따른다.

» H형태, 컬러, 질감은 어떻게 사용되는가? 이를 통해 건축 디자인과 메시지에서 느끼는 감정이 강조되는가? 특정 시대는 어떻게 규정하는가?

» 공간을 지나면서 어떤 감정을 느꼈는가? 환경의 목적에 어떤 영향을 주는가?

» 빛은 어떻게 사용되거나 제거됐는가? 텍스타일 선택이나 모티프에 어떻게 영향을 주는가?

» 구조의 형태가 주변 환경과 어떤 관계인가? 주변 환경이 구조물을 돋보이게 하는가 아니면 잘 융합되는가? 혹은 빌딩과 환경이 나란히 있는가?

» 작품의 역사적 맥락은 무엇이며 이를 디자인 콘셉트에 어떻게 녹여낼 것인가? 태동 시에 어떤 사회적 힘이 작용했는가?

» 건축가가 처음 가졌던 콘셉트는 무엇인가? 디자인에서 콘셉트는 어떻게 드러나는가? 같은 콘셉트가 패션 디자인에서는 어떻게 표현될 수 있는가?

로코코(1600년대 중반~ 1700년대 말)
바로크와 비슷하지만 더 가볍고 부드럽고 우아하다.
특징: 조개와 식물 모티프, 파스텔 컬러
예: 상트페테르부르크의 에르미타주 겨울 궁전

조지 왕조(1700년~1800년)
위엄있고 매우 대칭적이다.
특징: 현관 위 왕관 모양 장식, 전면에 5개의 창문, 문 양쪽의 납작한 기둥
예: 영국 바스의 로얄 크레센트

연방주의(1700년대 말~1800년대 중반)
영국 조지 왕조 양식의 변형이다.
특징: 원형 혹은 반원형의 방, 문 위의 반원형 팬라이트, 경사가 낮은 지붕과 발코니 난간, 원형 혹은 반원형의 창문, 셔터, 출입구 측면의 좁은 창문
예: 뉴올리언스의 줄리아 로우

그리스 리바이벌(1800년대 중반)
처음에는 공공 빌딩에 적용됐고 후에는 부유층 저택에 사용됐다.
특징: 고전주의 기반
예: 레오 폰 클렌체의 발할라 신전, 독일 바이에른

빅토리아(1800년대 중반~1900년)
다양한 양식이 섞였고 표현 방식이 다양하다.
특징: 진저브레드 설탕 같은 장식, 타워, 집을 둘러싼 베란다, 상상 속 디테일, 맨사드 지붕, 처마 밑 브라켓
예: 영국의 맨체스터 타운홀

미술과 공예(1800년대 중반~1900년)
수공예를 강조했다.
특징: 개별 디자이너, 러스틱, 반복되는 디자인
예: 일리노이의 오레곤 공공 도서관

아르 누보(1800년대 말~1900년대 중반)
자연에서 발견되는 형태를 강조했다.
특징: 곡선, 아치, 일본 모티프, 식물 형태, 스테인드 글라스
예: 루이스 콤포트 티파니, 루이스 설리반, 찰스 레니 매킨토시의 작품

고딕 리바이벌(1905년~1930년)
고딕 스타일의 부흥.
특징: 뾰족한 창문, 가고일, 긴 수직선, 중세 성당에서 사용되었던 상상 속 디테일
예: 뉴욕 울워스 빌딩

모더니즘/인터내셔널(1920년대~)
장식보다 기능을 중시한다.
특징: 유리, 철, 콘크리트 구조
예: 마천루

바우하우스(1920년대 초반~제2차 세계대전)
가장 순수한 형태로의 회귀를 주장했다.
특징: 납작한 지붕, 오픈 플로어 플랜, 박스 형태, 매우 기능적인 디테일, 컬러는 화이트, 그레이, 베이지, 블랙으로 한정
예: 독일 데사우의 바우하우스

아르 데코(1920년대 중반~1930년대 중반)
바우하우스의 단순화된 형태를 사용했고 기술의 영향을 받았다.
특징: 지그재그선, 눈금형태, 선 강조, 날씬한 형태
예: 뉴욕의 크라이슬러 빌딩, 엠파이어 스테이트 빌딩

오가닉(20세기 중반~)
자연과 어우러진 자연 친화적인 건축을 강조한다.
특징: 딱딱하고 경직된 선, 곡선, 지속 가능한 관행
예: 프랭크 로이드 라이트의 구겐하임 미술관, 사리넨의 뉴욕 케네디 공항, 호주 시드니의 오페라 하우스

ASSIGNMENT 3

역사적 인물

이번 과제는 고객 프로필을 만들고 시대별 의상에서 영감을 얻는 작업처럼, 인물과 그들이 속한 공동체(tribe)를 분석하고 이해하는 것을 목표로 한다.

컬러, 원단, 실루엣, 디테일로 인물을 어떻게 표현할까? 역사적 아이콘과 시대 의상의 특징이 패션 디자인에 어떤 영향을 주며, 이를 어떻게 현대적으로 해석할 수 있는가? 디자이너가 기획한 라이프 스타일을 페르소나는 어떻게 보여줄까? 역사적 인물을 기반으로 한 컬렉션이 성공하려면 그 시대와 아이콘에 대해 깊이 있는 조사와 개념화가 이루어져야 한다. 아이콘이 살았던 시대의 맥락과 어떤 관계인지가 고려되어야 한다. 그들이 아이콘이 될 수 있었던 개인적인 성취와 오늘날 그들이 갖는 의미도 중요하다.

예술 그 자체 ↑

이 컬렉션은 에스닉 드레스를 해석하여 프리다 칼로의 정신을 담았다. 어떤 시대를 조사하더라도 현대적인 원단과 실루엣을 사용한다면 오늘날 고객들에게 현재성을 전달할 수 있다.

목표

• 컬러, 원단, 실루엣, 디테일로 인물을 표현하는 법을 배운다.

• 페르소나를 통해 오늘날 디자이너가 기획한 멋진 라이프 스타일이 표현될 수 있는지 이해한다.

• 시대의 아이콘을 재맥락화하여 현대적인 컬렉션을 기획한다.

학생 작품

러시아 황제 니콜라이 2세의 딸 아나스타샤 로마노프를 주제로 컬렉션을 준비하면서 이 학생은 아나스타샤 공주가 러시아 황가에서 말괄량이로 통했다는 사실을 알게 되었다. 이러한 성격적 특성에 중점을 두면서 스포츠웨어 컬렉션을 디자인했다.

컬렉션에 대한 디자인의 콘셉트와 시각적 배치를 위해서 혁명 이전이던 1915~1917년의 러시아 군복과 파리 패션 하우스가 좌지우지하던 귀족 여성들의 패션을 섞어 귀족과 혁명 세력의 대립 구도를 상징적으로 표현했다.

저지를 비롯해 나일론, 면 등 다양한 중량의 원단을 섞어 다채롭게 스포츠웨어 카테고리를 구성했다. 파스텔 컬러와 다양한 셰이드의 하얀색을 사용하여 여성스럽고 시대적인 미감을 유지하며 견장, 밀리터리 포켓, 과장된 스냅 잠금이나 D링 같은 부자재를 사용한 남성적인 밀리터리 스타일을 중화시켰다.

연구할 만한 아이콘

칭기즈칸
잔 다르크
부디카
나폴레옹
조세핀 보나파르트
엘리자베스 1세
애니 오클리
버지니아 울프
마담 드 퐁파두르
에드거 앨런 포
블라이 함장
예카테리나 2세
닥터 지바고
나비부인
프리다 칼로
아나스타샤 로마노프
아서 왕
제인 오스틴
마타 하리

방법

디자인 과정을 세울 때 다음의 절차를 따른다.

» **아이콘을 찾는다**　모든 사람이 알고 상징성이 충분해야 한다. 실존 인물이든 가상의 인물이든 상관없다.

» **기존 젠더 기반의 컬렉션의 틀을 넘는다**　예를 들어 칭기즈칸에서 여성복 컬렉션을 어떻게 끌어낼 수 있는가? 아멜리아 에어하트*를 테마로 남성복을 어떻게 디자인할 수 있는가?

» **리서치를 통해 2개의 무드 보드를 만든다**　왼쪽에는 당시의 아이콘을 있는 그대로 그린다. 당시의 예술 작품, 인테리어, 글, 역사적 의상 등의 리서치 자료로 구성한다. 오른쪽에는 그리고자 하는 캐릭터의 이미지를 그린다. 비슷한 이미지 콘텍스트를 사용해 오늘날의 라이프 스타일을 구성한다.

» **컬러, 프린트, 원단. 비율, 실루엣, 구성을 고려한다**　의복의 이런 요소들이 그 의복을 입은 사람을 평가하는 데 어떤 역할을 하는가? 원단 중량과 질감에서 개성이 드러나는가? 대담한 디테일과 질감 혹은 섬세한 디테일이 아이콘의 전형성을 보여주는가? 당신이 선택한 아이콘은 시대를 앞서고 선진 직물 기술을 선호하는가? 아니면 당시의 규범을 더 잘 대표하는가?

» **디자인 과정을 완성한다**　아이콘의 심리에 주목한다. 어떤 형태를 선호하고 그 이유는 무엇인가? 시대적 디테일이 어느 정도로 묘사되어야 하는가? 캐릭터가 테일러드와 유기적 실루엣 중 어떤 쪽을 선호할까? 이 두 가지를 어떠한 비율로 컬렉션에서 풀어낼 것인가 그리고 그 이유는 무엇인가? 어떤 라이프 스타일과 성격적 특성이 오늘날 패션에서 컬렉션의 사용과 컨텍스트에 영향을 줄까?

* Amelia Earhart, 여성 최초의 대서양 횡단 조종사

ASSIGNMENT 4

민족적 배경

민속 의상에서 표현되는 공동체 내의 계급과
종교적 정체성을 오늘날 패션 소비자에게
적용할 수 있을지 탐구해본다.

우크라이나의 민속 자수와 카얀족이 목에 찬 링부터 고대
마야 문명에서 발견되는 유물과 인체 장식의 컬러에 이르
기까지 의복은 지역 사회를 극단적으로 대표하는 경향이
있다. 한 사회의 의복은 가용할 수 있는 자원을 사용하는
것이며 그 사회의 토대를 보여주는 것이기도 하다.

문화 전용

문화에 기반을 둔 옷을 디자인할 때는 전체 창작 과정에
서 세심한 배려가 있어야 한다. 문화 전용에 관해서는 많
은 견해가 있고 45p에서 집중적으로 다뤘다. 하지만 디자
이너는 언제나 다른 공동체를 존중하고 예의를 갖추며 배
려해야 한다.

목표
• 공동체의 민속 의상과 관
  습에 대해 리서치한다.
• 민속 의상에 대한 디자인
  측면을 분석한다.
• 현대의 소비자에게 맞추
  어 전통 의상의 디자인을
  손본다.

민속 의상의 예

민속 의상이란 세계 지리적 위치 안에서뿐 아니라 특정 공동체에 따라
서도 다르다. 형태, 원단, 디테일은 다를 수 있지만 인접 국가 간에 어떤
유사점이 있는지 고려해보고 비슷한 기후의 지역 간에도 유사점을 살
펴본다.

아메리카

비일	나바호족
세라페	멕시코
과이어베라	쿠바
필차	브라질
우아소	칠레
폴레라	파나마

유럽

아보인 드레스	스코틀랜드
레더호젠	독일
디른들	오스트리아
수부	헝가리
리자	불가리아
사라판	러시아
부나드	노르웨이
스베리그드락텐	스웨덴
푸스타넬라	그리스
엔타리	터키

아프리카

다시키	서아프리카
카프탄	모로코
갈라베야	이집트
케미스	에티오피아

아시아

젤라바	아라비아
쿠르타	아프가니스탄
샬와르카미즈	남아시아
초가	인도
안가르카	파키스탄
아오자이	베트남
삼포트	캄보디아
송켓	말레이시아
타피스	인도네시아
델	몽골
추바	티베트
고	부탄
한푸	중국
한복	한국
기모노	일본

방법

특정 민족의 배경을 조사하고 그로부터 받은 영감을 바탕으로 컬렉션을 구성할 때, 다음 사항들을 고려한다.

» **한 가지에 집중**　한 가지를 선택함으로써 그룹의 서사가 응집력이 생긴다. 맥락을 깊이 파고드는 조사를 통해 충분한 자료를 얻게 된다. 한편, 두 개의 다른 배경을 조사해 둘을 병렬해보는 것도 흥미로울 것이다. 132p에 보다 자세히 설명되어 있다.

» **역사적인 서사**　민속 의상이 생긴 시대와 장소를 조사한다.
  · 특정 사회가 융성하던 시기였나?
  · 그 커뮤니티가 다른 국가와 친선 관계였나 아니면 배타적이었나?
  · 전쟁이나 분쟁이 있었나?

· 종교와 믿음이 옷에 영향을 주었나?
· 이 아이디어들을 컬렉션의 디자인 개발에 어떻게 녹여낼 수 있는가?

» **디자인 기준**　민속 의상의 시각적이며 물리적인 특성을 통해 지리적으로 인접한 커뮤니티와 어떤 차별성이 있는지 연구한다. 직물, 옷의 실루엣, 드레스의 전용과 용도, 컬러 팔레트, 옷 장식을 위한 수공예와 기법, 심지어 보디 페인팅이나 장식처럼 옷과 관련이 없는 단서까지도 디자인 정보를 얻을 수 있는 기준이 된다.

» **조정**　고객 프로필을 참조해서 있는 그대로의 작품을 선호할 고객과 디자이너의 시그니처 컬러, 원단, 실루엣을 담아 현지 민속 의상을 재해석하는 것을 선호하는 고객을 선별한

다. 고객의 니즈를 분석하여 컬러를 어떻게 다루고 어느 정도로 해석할지를 정한다. 예를 들어 동유럽의 진한 원색의 민속 의상은 그레이 베이스의 파스텔톤을 사용해 더 섬세하고 질감 중심의 컬렉션으로 바꿀 수 있다. 고객이 전통적이며 익숙한 실루엣을 좋아할지 아니면 변화를 준 실루엣을 좋아할지 결정한다.

» **관련성**　최종 디자인은 영감의 영향을 받은 것이어야 하지만 원래 위치에서 몇 발자국 벗어나되 특정 디자이너의 '시그니처'가 있어야 한다. 여러분 자신의 비전이 담긴 작품을 만들어야 하며 단순히 모방을 해서는 안 된다.

스토리텔링 ←←

18세기 중국 청나라 시기에 쓰인 소설이 이 컬렉션에 대한 추가적인 맥락을 제공했다. 전통 민속 의상은 토대만을 제공했을 뿐 문학, 유명인, 역사적 사건 같은 다른 문화적 요소를 추가해 서사가 더 풍부하고 깊어졌다.

과거의 현대화 ←

역사적 디자인 요소를 컬러 팔레트, 디지털 변환 프린트, 크리스털 장식으로 현대화했다. 역사, 문화적 요소를 참고할 때는 항상 자신만의 독특한 21세기 '시각'과 뮤즈를 통해 해석한다.

ASSIGNMENT 5

역할 바꾸기

디자인팀 일원으로서 팀 역학 내에서 효과적으로 일하는 법을 알아야 한다. 이번 과제를 통해 다른 디자이너의 영감과 콘셉트를 바탕으로 체계적이고 객관적인 작업을 경험해볼 수 있다.

크리에이티브팀 디자이너들은 개발의 전 단계에서 자주 모여 컬렉션 방향을 논의한다. 디자이너라면 컬렉션을 준비할 때 미리 정해진 프레임 안에서 다양한 미학을 넘나들며 자유롭게 의견을 개진할 수 있어야 한다.

　이번 과제에서는 디자인 팀장과 팀원이 참석했다는 가정하에 진행된다. 팀장은 영감에 대해 리서치를 하고 디자인 팀원에게 알린다. 팀장이 무드 보드와 원단을 준비하고, 디자인 팀원은 그를 바탕으로 미리 정해진 기준 안에서 디자인한다.

목표
- 디자인 아이디어를 합친다.
- 반대되는 의견을 조정한다.
- 객관적인 분석과 안전지대에서 한걸음 물러서서 창작의 범위를 넓힌다.

디자인에서 디자인으로 ↓

마르셀 브로이어의 아이코닉한 바실리 체어에서 영감을 받은 과감한 디자인의 신발 컬렉션이다. 의자의 자재와 복잡한 형태, 직사각형의 가죽 패널과 원통형 스틸을 신발 디자인에 나타냈다.

2006년경 헝가리에서 발행된 우표에 실린 마르셀 브로이어의 아이코닉한 바실리 체어.

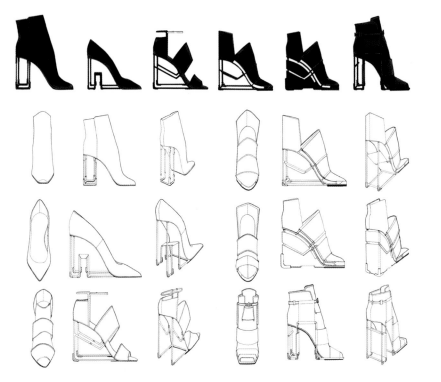

마감

로드 푸터

널링 머리나사

균형 잡기 ↑

이 학생 작품에는 '고스' 미감이 자주 보였으나 이 학생은 더 컬러감이 풍부하고 질감이 있는 팔레트로 디자인을 해야 하는 상황에 맞았다. 배정받은 주니어용 디자인에 장난스러운 컬러 조합과 풍부한 질감 디테일, 여성스러운 실루엣을 사용했다.

사막의 길 ↑

어스톤 컬러와 실용주의적 구성이 이 그룹의 주된 성격을 표현한다. 안전지대에서 한 발 물러섬으로써 객관적으로 디자인하게 되었고 개인적인 선호도와 관계 없이 디자인이 잘 완성되어 고객의 니즈를 충족시킬 수 있다.

방법

각 참가자는 영감에 맞는 무드 보드와 원단 보드를 만들어야 한다. 원단 보드에 스와치가 12가지 이상이면 안 되고 최소 두 가지의 코트용 원단, 두 가지의 수트용 원단, 두 가지의 블라우스/셔츠용 원단, 한 가지나 두 가지의 장식 원단, 다양한 스웨터용 편물이 포함되어야 한다. 시즌은 가을/겨울 혹은 봄/여름이 될 수도 있다.

» **짝을 정해서 보드 교환**　그룹별로 보드를 리뷰하고 짝을 정해서 보드를 바꾼다. 서로 반대되는 미감, 테마, 컬러, 원단 팔레트를 배정한다.

» **미팅**　보드를 만든 사람들과 보드를 받은 사람들이 만나 논의한다. 보드를 만들 때 컬렉션에서 전달하고 싶었던 테마, 고객, 다른 미학적 측면에 대해 논의하면 보드를 받은 사람은 정보를 충분히 얻을 수 있고 추가적인 이미지를 찾아서 디자인 과정에 콘텍스트를 더할 수 있다.

» **컬렉션 디자인**　컬렉션 디자인 시 보드에 있는 원단을 모두 사용해야 한다. 하지만 디자인 과정을 시작하기에 앞서 두 장의 원단은 다른 것으로 교체하여 팔레트를 더 강하게 할 수 있다.

» **팀장에게 보여주기**　40~50개의 디자인 아이디어가 완성되면 6~8가지 룩을 편집하고 그룹을 일러스트한다. 보드를 만든 사람과 디자이너, 평가 그룹이 함께 컬렉션의 발전 상황을 논의한다. 보드가 우리가 생각한 고객에 연관되는가? 대체 원단은 디자이너가 사용하던 것인가? 이런 원단이 그룹의 결합성을 높이는가 혹은 방해하는가? 실루엣이 무드와 테마를 어떻게 뒷받침하는가? 결과가 얼마나 팀장의 의도대로 되었는가?

ASSIGNMENT 6
자연

자연은 아마도 디자이너가 컬렉션에 가장 보편적으로 사용하는 테마일 것이다. 이번 과제에서 초기 콘셉트 구상부터 일관성 있는 컬렉션을 만들기까지 테마를 다루는 작업을 소개한다.

사하라 계열의 컬러에서 영감을 받은 컬러 팔레트를 직접적으로 드러내거나 아르마딜로의 겹겹이 쌓인 구조를 닮은 옷을 위한 콘셉트에 이르기까지 자연을 주제로 한 컬렉션은 가장 단순하고 원초적일 수도 있고, 반대로 가장 혁신적이며 개념적일 수도 있다. 아주 세련된 컬렉션에서는 자연이 직접적으로 드러나기보다는 넌지시 암시된다.

영감은 매우 세밀하게 조사한 뒤 디자이너만의 시각으로 재구성하여 원래의 것은 방향을 제시하는 정도여야 한다. 옷에 단순히 조개 모양의 아플리케를 더하는 것은 조사한 자료들을 해석하는 가장 세련된 방식이라고 할 수 없다. 조개의 내부와 외부 구조, 패턴, 2차원 및 3차원적 형태, 조개의 생태까지도 조사하면서 디자이너는 여기서 얻은 영감을 바탕으로 컬렉션을 준비하며 이런 시각적 단서를 매우 개인적인 방식으로 풀어나간다.

목표
- 자연의 요소를 해석하여 디자인을 결정한다.
- 있는 그대로 해석하지 않도록 영감의 폭을 넓힌다.

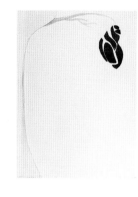

방법

자연을 테마와 콘셉트로 삼아 컬렉션을 준비할 때 다음 사항을 고려한다.

» **컬러 팔레트** 매우 고심해 선정한 컬러는 원단과 컬렉션의 의도했던 미감과 어울릴 것이다. 하지만 영감과 직접 연관되는 컬러 팔레트는 피한다. 리서치와 테마를 있는 그대로 이용하는 실수를 피할 수 있다.

» **원단 개발** 영감을 프린트, 가공, 염색 기법, 비즈 장식, 컬러 매치를 비롯한 장식적인 요소에 어떻게 녹여낼지 고려한다.

» **실루엣** 원스톱 쇼핑이 가능하도록 디자인의 강도를 정한다. 패션을 선도하는 구성, 원단, 실루엣도 포함되어야 하지만 평범한 실루엣의 팬츠나 스커트, 영감과 관련 있는 미묘한 디테일이 들어간 테일러드 셔츠 등도 포함되어야 한다.

» **하나로 엮기** 자연을 영감으로 한 패턴, 컬러, 질감, 선, 형태를 다양한 형태의 모티프로 변형할 수 있는 법을 고려한다.

나비의 집

나비 날개의 매혹적인 형태를 모티프로 삼아 평상복부터 이브닝웨어까지 선보인 컬렉션이다. 관련 없는 컬러 팔레트를 사용하면 영감의 해석을 보이는 대로만 디자인하는 실수를 피할 수 있다.

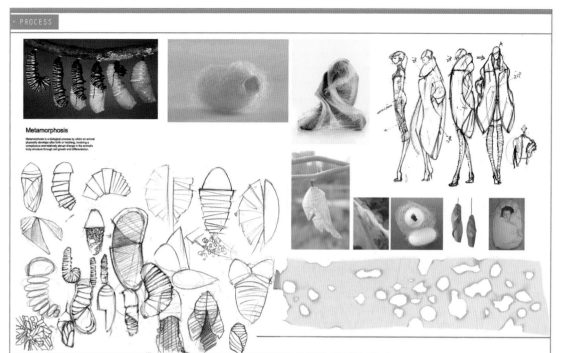

자연 관찰 ↙

번데기를 세심하게 관찰하여 이 그룹의 개념적이고 시각적인 룩을 만들었다. 그 형태와 움직임을 연구하여 자연적 요소를 실루엣, 구성 디테일, 원단 처리로 해석했다.

고치 보호막 →

이 혁신적이며 환상적인 컬렉션에서 번데기의 형태를 엿볼 수 있다. 한정된 컬러 팔레트와 신중한 원단 사용으로 과감한 실루엣과 혁신적인 질감이 도드라진다.

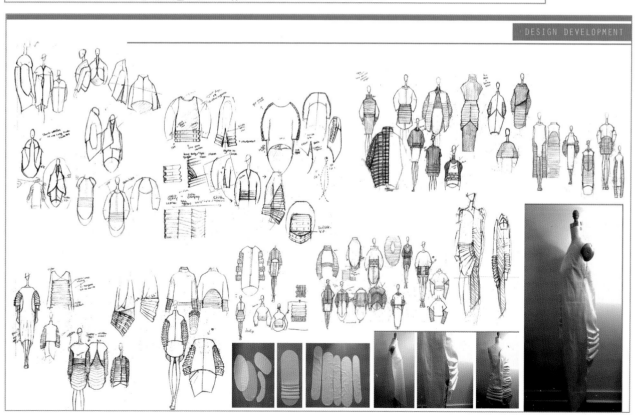

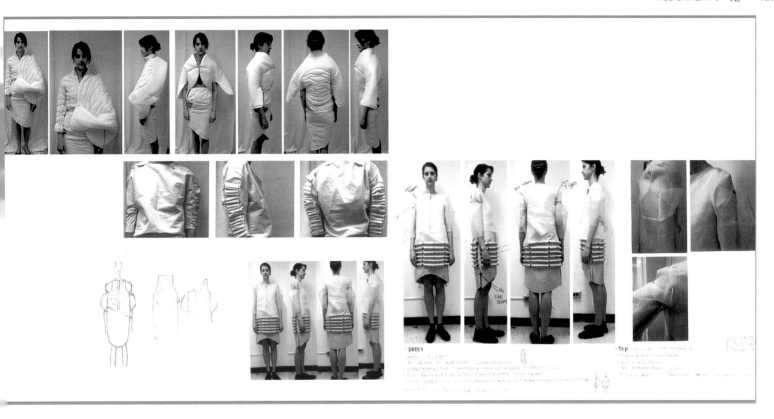

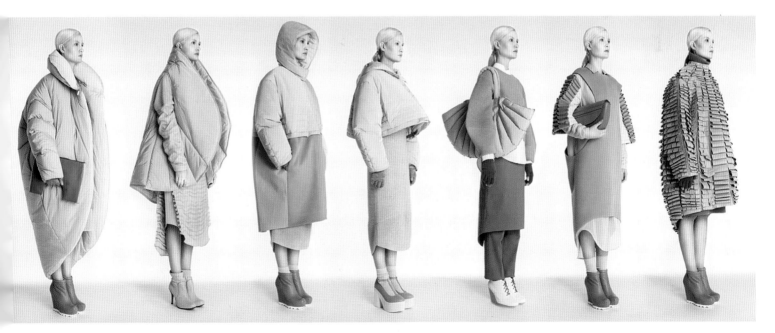

ASSIGNMENT 7

3D(입체)/2D(평면)

어떤 디자이너들은 평면 디자인 작업에 앞서 항상 형태를 눈으로 그려본다. 다음 과제를 통해서 디자인의 평면과 입체적인 요소 사이를 자연스럽게 오가며 익숙해지도록 연습한다.

실루엣, 구성 방법, 3D 모티프는 컬렉션 준비의 기초가 되는 콘텍스트가 된다. 디자인 과정에는 원단 중량이 적절한지 실험하는 것도 포함될 수 있다. 드레이프의 경우만 봐도 디자이너가 염두에 두고 있는 특별한 모티프를 기반으로 했을 수 있고, 옷을 입으면서 얻게 되는 경험이나 기분을 전달할 수도 있다.

목표
- 입체 디자인과 평면의 디자인 과정을 합친다.
- 더 나은 컬렉션을 위해 드레이핑 원단으로 실험한다.

형태를 위한 논의 →
드레이프의 조형적 또는 선형적 스타일을 문서화하는 것은 디자이너에게 다양하고 균형 잡힌 선택을 할 수 있게 한다. 모티프처럼 드레이프 역시 다양한 크기, 원단 종류, 신체 부위가 달리 사용되어야 한다.

방법
영감을 얻고 이를 컨셉화했다면, 다음의 작업을 진행한다.

» **핀 꽂아 드레이핑하기** 모슬린 정도의 중간 중량 원단을 골라서 드레스폼에 드레이핑한 후 핀으로 꽂는다. 형태의 곡선에 맞게 원단을 가다듬으며 작업하고, 다양한 각도에서 카메라 혹은 다른 장치를 활용해 거리를 조절해 가며 진행 과정을 기록한다. 특정 드레이프는 옷의 다른 부분에 있는 것이 적합할 수 있다.

» **드레스폼에서 작업할 때 고려할 것들**
- 솔기 디테일 같은 완전한 평면 작업부터 풀 스커트나 드레이프가 있는 옷처럼 조형적인 느낌이 더 큰 입체 작업까지 드레이프 종류는 어떻게 달라질까? 플리츠나 오리가미 효과 같은 중간 부분은 또 어떻게 분석할 수 있을까?
- 원단 중량을 바꿀 때는 처음 원단 중량으로 했던 것과 똑같은 드레이핑을 해보고 컬렉션에서 잘 조화를 이루는지 확인해본다.
- 드레스폼에 같은 드레이핑을 다른 비율로 작업해보고 가장 잘 어울리는 것으로 결정한다.

» **기록** 드레스폼 작업 과정 중 중요한 변화 포인트를 다양한 각도와 거리에서 기록한다. 360도에서 드레스폼을 기록해야 이후 사용하고 싶은 요소가 있을 때 참고할 수 있다.

» **컬렉션 구성** 6~8가지의 드레이핑을 잘 기록했다면 컬렉션을 디자인할 때 참고할 3~4가지를 고른다. 이번 연구는 한 단계의 콘텍스트를 제시한 셈이지만 여러분의 영감을 주요 포커스로 삼고 두 가지 기준을 합쳐서 컬렉션의 테마를 성공적으로 전달하는 것이 중요하다. 디자인 과정이 끝나기 전에는 기록된 이미지를 고정하지 않는다. 그래야 디자인할 때 쉽게 참고할 수 있다. 2D 드레이프와 조형적인 3D 드레이프를 함께 사용해서 컬렉션에서 이 둘을 성공적으로 결합하는 능력을 키울 수 있도록 한다.

실전 디자인의 경우

3차원 과정이 반드시 필요할 때는 제프리 빈의 기하학적 작품처럼 360도 회전으로 디자인을 감상할 수 있을 때다. 패션에 본격적으로 관심을 갖기 전 빈은 의학도였기에 그에게 인체는 입체였지 앞판과 뒷판의 디자인을 그린 평면이 아니었다. 이런 맥락에서 그의 작품에는 인체를 둘러싼 솔기, 패인 부분을 비롯한 기하학적 모티프를 포함하는 경우가 많으며 디자인을 360도 회전으로 볼 때 완전하게 감상할 수 있다.

시착품 만들기 ↘

초기 스케치는 디자인에 대한 인상을 제공하지만 아이디어는 시착품을 완성해보아야 피팅감, 비율, 균형이 제대로 되었는지 확인할 수 있다. 사진에서처럼 프린트 위치나 원단 디자인을 변형할 경우에 특히 그렇다.

순간의 조각들 ↖

텍스타일 개발 샘플은 디자인 과정에서 그 크기와 배치를 테스트할 수 있다. 이 니트 샘플은 판매 용도에 따라 달라지는 실루엣에 맞게 배율이나 형태를 변화시키면서 변형될 수 있다.

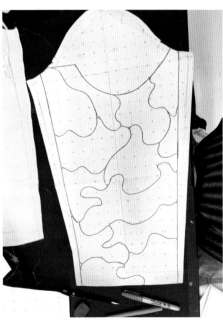

ASSIGNMENT 8

매크로에서 마이크로

디자이너들은 작은 디테일을 포착해서 그 디테일이 전체 디자인에 어떤 영향을 주는지 알 수 있는 능력을 대체적으로 가지고 있다. 이번 과제에서는 특정 부분과 전체의 관계 그리고 그 관계가 디자인, 컬러, 질감, 무드, 사용법에서 어떻게 조화를 이루는지를 탐구해볼 것이다.

도시의 거리에서 질감과 컬러를 살펴보고 컬렉션에서 사용할 수 있는 시각적인 정보를 모으는 것부터 시대 의상의 디테일을 현대화시켜서 작품에 적용할 수 있는 것을 찾아보는 것까지, 디자이너는 항상 작은 디테일까지도 규합할 수 있어야 하며 그 디테일을 더 크게 적용시킬 수 있어야 한다. 단추의 크기, 착장 방법, 단 마감, 심지어 드로스트링에 쓸 코드의 종류까지도 모두 세심하게 선택하여 옷에 녹여야 컬렉션 전체의 미학이 돋보일 수 있다.

목표
- 디테일까지 세심하게 신경 쓰기
- 디자인 연관성에 대해 끝까지 질문하며 의심하기

뼈대 세우기 ↓

일관되게 과감한 선이 특징인 컬렉션이다. 비슷한 실루엣 덕분에 복잡한 디자인의 관계가 더 강조되어 보인다.

지금은 공사 중 ←↓

공사장의 형체, 질감, 컬러에서 얻은 영감으로 데님 컬렉션을 구성했다. 컬러와 다양한 실루엣, 고객 맞춤 컬러 팔레트가 균형을 이루어 활기찬 분위기의 컬렉션이 되었다.

방법

» **환경을 기록하다** 침실, 건물 로비, 사무실, 식당, 골목길 등 전반적인 매크로 환경을 촬영해 기록한다. 고객의 프로필을 정할 때 이들 이미지의 컬러와 전체적인 무드를 사용한다. 역사 유적, 유명한 예술 사조나 디자인을 상징하는 건물을 비롯해 분명하게 통일감 있는 미학을 가진 공간이라면 좋다. 이어서 영감을 주는 공간의 '마이크로' 혹은 디테일을 기록한다. 이를 모티프, 원단 가공, 디테일, 실루엣, 프린트 개발, 니트웨어 기법 등 디자인에 사용할 것이다. 3~4가지 정도의 디테일이 컬렉션에서 최종적으로 사용하기에 적합하다.

» **매크로** 방이나 주변 환경, 소비자의 컬러 팔레트를 베이스로 한다. 이 공간에 사는 사람은 누구인가? 어떤 디자이너는 공간을 그 자체로 바라볼 수도 있고 어떤 디자이너는 환경의 분위기에 더 치중할 수도 있다. 예를 들어 어떤 식당은 메뉴 타입, 입지, 분위기로 고객을 특정할 수도 있다. 반면 골목길 같은 경우는 동네에 따라 독특한 분위기가 있다. 컬러나 질감, 빛이 충분한지 아닌지 같은 시각적인 단서를 사용해 가상의 고객을 만들어본다.

» **마이크로** 다양한 스케일, 원단, 3D와 2D 적용, 톤이나 그래픽, 컬러 관계 같은 마이크로 디테일을 사용한다. 기록한 무늬, 형태, 질감을 직접적으로 참고하며 다양하게 영감을 해석한다. 이들 가이드라인을 따르면 컬렉션에 깊이를 더할 뿐 아니라 모티프를 통해 일관성이 유지된다. 악센트 컬러와 마찬가지로 마이크로 디테일 역시 전부 함께 사용하여 디자인의 시선을 흩어지지 않게 한다. 디자인이 과도하면 산만해 보이기 때문에 하나를 내세우고 나머지는 뒤에 남겨둔다.

» **컬렉션을 구성하다** 반복되는 디자인에서 6~8가지로 추릴 때 서사, 컬러 흐름, 악센트 컬러 비율, 인체 위에 배치, 상품 기획, 다양한 '디자인 강도', 유기적 실루엣으로 테일러링, 원스톱 쇼핑의 관점에서 왼쪽에서 오른쪽으로 룩의 순서를 분석한다. 영감을 여러 가지로 해석하여 제시하는 것 또한 필수적이다.

ASSIGNMENT 9

콘셉트에서 캣워크까지

이번 과제에서는 영감을 해석하는 정도, 컬렉션의 전개 방법,
실용적으로 수정하는 법을 탐구한다.

목표

- 영감을 극단적 또는 있는 그대로 표현하여 제품의 톤, 태도, 욕망을 정한다.
- 가장 추상적인 형태의 콘셉트를 대중적으로 팔릴만한 상품으로 녹여낸다.
- 가장 효과적인 캣워크 순서로 결정한다.

컬렉션을 준비한다면 룩을 소개하는 순서를 반드시 고려해야 한다. 모멘텀이 생기고 컬러와 실루엣을 조정하고 다양한 장치로 콘셉트와 영감을 전달하면서 컬렉션은 집중력과 응집력이 생긴다. 그러나 디자이너가 테마를 해석해 풀어가는 과정은 저마다 다르다. 발표의 순서가 룩에서 룩으로 연결되고 서사가 쌓이며 스토리텔링이 되기도 한다. 전형적인 실루엣으로 이야기를 시작해 곧 콘셉트가 극단적으로 변신하는, 알렉산더 맥퀸이 많이 사용했던 기법도 있다. 쇼에서 정점의 순간을 여러 군데 펼쳐놓으며 콘셉트나 영감의 강렬함을 여러 단계의 해석 안에 녹여내는 디자이너도 있다.

컬렉션 구성 시 다음 공식을 참고한다

» **20%의 순수하거나 극단적인 표현** 컬렉션의 콘셉트, 영감, 비전의 순수성을 표현하는 이 그룹은 잡지나 패션쇼에만 오를 수 있는 아이템으로 구성되거나 디자이너의 테마를 있는 그대로 보여준다. 어떤 디자이너에게는 대량 생산 판매될 가능성은 낮고 매우 예술적인 창작 작품 그룹이다. 후세인 샬라얀의 로봇 기술을 적용한 작품이 그렇다. 혹은 실용성도 있으면서 화려한 에스닉 자수로 장식하는 등 영감이 바로 연상되는 오스카 드 라 렌타의 작품도 있다.

» **60%의 핵심 부분** 컬렉션의 세 파트 중 가장 크다. 이 핵심 부분은 소비자에 대한 디자이너의 정체성이다. 소매업체가 매입할 수 있는 주요 의복으로 구성된다. 이 카테고리 안의 디자인 강도 역시 다양하며 테마를 있는 그대로 보여주거나 필터를 거쳐서 보여주기도 하지만, 그렇다고 해도 이 상품군은 판매할 수 있는 디자인 제품(옷)이어야 한다.

» **20%의 기본** 아무리 미래지향적이고 전위적인 디자이너라고 해도 항상 컬렉션 안에는 기본 상품이 있다. 상징적인 티셔츠, 평범한 정장부터 최소한의 디테일이 있는 기본 팬츠와 스커트를 포함한 핵심적인 실루엣까지, 패션에 덜 민감한 소비자도 여러분이 만든 환상의 세계를 경험할 기회를 가질 수 있으며 충성 고객들에게 원스톱 쇼핑을 할 수 있도록 모든 카테고리의 제품(옷)을 제공한다.

이건 랩핑이다 ↗

빌딩의 철골 구조에서 영감을 얻은 매우 개념적인 룩이다. 타투선이 전기선으로 변해 사람을 감싸고 은색 섬유가 있는 울 니트가 여러 요소로부터 인물을 보호하고 있다.

방법

» **과제 과정** 일단 영감을 고르면 영감과 콘셉트를 그대로 보여주는 디자인 과정을 시작한다. 첫 스케치에서 모티프, 원단, 컬러로 연결 고리를 만들 필요가 없다는 점을 기억한다. 디자인 요소는 추출되어 컬렉션의 대부분을 차지하는 두 개의 다른 '필터' 카테고리로 분류될 것이다. 어떤 디자이너는 이 과정에 실제 원단을 고려하기도 하고 전통적이지 않은 재료를 사용해 아이디어를 전달하려고도 한다. 이 그루핑에는 실제로 생산할 제품을 고려할 수도 있고 나만의 쇼를 선보이기 위한 오직 하나뿐인 작품을 고려할 수도 있다.

» **핵심 부분을 위한 조정** 두 번째 핵심 부분을 디자인할 때는 어떻게 하면 가장 극단적인 룩의 실루엣, 디테일, 원단 등의 요소를 변경해 더 많은 소비자에 대한 접근성을 높일지 고민한다. 컬렉션을 진행하고 상품 기획을 하면서 디자인 강도를 조정한다. 디자인은 더 단순하게 하고, 비율에 변화를 주고, 컬러 관계를 바꾸고 덜 강렬하게 만들고, 원단은 실용성 있는 원단으로 대체하고, 원단 가공은 작업에 편하도록 비율과 방법을 조정한다. 스타일링으로 영감과 콘셉트를 다양한 강도로 전달할 수 있다는 점도 고려한다.

» **기본 개발** 이전 두 개의 카테고리를 기반으로 세 번째와 네 번째의 그루핑을 발전시킨다. 이 카테고리는 모든 디자이너와 시장에 보편적인 아이템들로 구성되어 있지만 여러분의 컬렉션에서는 컬러, 원단, 그리고 더 일반화된 미감에 어울리는 아이템들이다. 남성복의 상징인 셔츠, 티셔츠, 기본 팬츠와 스커트를 비롯한 아이템은 그 자체로 일반적으로 보일 수는 있지만 컬렉션의 컨텍스트와 일맥상통한다. 기본 아이템이 되며 고객이 기존에 가지고 있던 옷과 자연스럽게 어울린다.

» **패션쇼 순서** 12~15개 정도의 인체 레이아웃으로 발표 순서를 정한다. 가장 직설적이며 극단적인 실루엣을 마지막으로 선보이며 점진적으로 강도를 높인다. 혹은 전체적으로 높낮이를 맞추고 때때로 드라마가 연출되는 쇼를 기획한다. 순서가 정해지면 핵심 기본 라인 배치를 어디로 할지 정해서 다른 두 카테고리가 돋보일 수 있도록 한다. 컬렉션 제품을 입었을 때 소비자가 원하는 다양한 경험을 제공한다.

ASSIGNMENT 10

패션에서의 변화

이번 과제에서는 패션 디자인에 진화와 혁명을 가져왔던 사회적
영향력들을 살펴보고, 이전의 사회적 규범에 반하는 개념적
이상의 물리적 표현을 탐구한다.

목표
- 디자인의 변화가 어떻게 문화의 미래에 영향을 끼치고 라이프 스타일의 변화의 원동력이 되는지 분석한다.
- 패션 역사로 인해 야기된 변화를 컬렉션에 적용한다.

여성에 대한 시각과 사회에서의 위치, 세계의 정치와 경제의 변화, 새로운 기술의 등장은 패션이 진보할 수 있었던 외부적 힘이며 우리가 입고 있는 옷에 새로운 의미를 부여하기도 했다. 이에 따라 패션 종족은 다양화되었고 옷을 입는 방법은 단순히 사회적 계층을 의미하는 것에서 사람의 개성, 믿음, 소속감을 드러내는 것으로 변화하고 있다.

연구할 가치가 있는 콘셉트

- 클레어 맥카델의 데님과 평상복
- 불필요한 디테일을 제거하고 조형적인 형태를 강조 (발렌시아가, 조란, 시빌라, 몬태나 등)
- 글로벌 경제가 에스닉룩에 미치는 영향
- 1980년대 파리의 일본 침략
- 프렌치 뉴웨이브 혹은 비트족 문화
- 미래주의(피에르 가르뎅, 쿠레주 등)
- 히피/영국의 펑크 문화
- 남성복을 여성복으로 착용(1920년대 패션, 애니홀, 초기 아르마니 등)
- 기성복에 미친 군복의 영향(세계 1, 2차 대전, 베트남 전쟁 등)
- 원단 개발과 제조 분야에서의 기술적인 발전
- 전통적인 개념을 벗어나고 독특한 재료를 사용/실용 주의(파코 라반, 마르틴 마르지엘라, 티에리 뮈글러, 프라다의 나일론, 카말리의 낙하산 실크 등)

세피아 톤 →

코르셋을 착용한 사람의 세피아 톤 몽타주에서 컬러 팔레트를 따왔다.

긍정적인 영향 →

가브리엘 코코 샤넬은 코르셋을 거부했다. 코르셋은 입을 때 다른 사람의 도움이 필요했고, 움직임도 제한했다. 샤넬은 저지 원단을 사용하여 신체적으로나 사회적으로 제약이 덜하고 활동적인 라이프 스타일을 가능하게 했다.

더 부드럽게 ↑

아이러니하게 이 컬렉션에는 명확한 메시지뿐 아니라 유머도 찾아볼 수 있다. 딱딱한 코르셋을 재해석하여 부드러운 형태와 원단을 사용해 포근한 니트웨어로 디자인하였다.

연구를 디자인에 적용하다

디자인 과정 중에 다음 사항을 참고한다.

- 변화 이전에 어떤 규범을 따랐고 이 규범이 어떻게 컬렉션에 통합되어 맥락과 배열로 나타나는가?
- 시각적으로 컬러와 원단은 어떻게 역사의 변화를 대변하는가?
- 영감은 변화에 어떤 영향을 주는가? 그래야 하는가?
- 변화에 따라 실루엣이 얼마나 바뀌었는가? 소비자는 있는 그대로 혹은 축약한 해석에 반응할까?
- 최근 재정립된 여성의 이상은 변화의 일부인가? 그것이 여러분의 소비자에게 영향을 미치는가?
- 변화의 시기에 어떤 복장 규정이 생겼는가? 사용된 실루엣이 어떻게 변화를 위한 바탕으로 사용될 수 있는가?
- 변화 후에는 어떤 운동이 일어났는가? 다음 시대로의 변화에 영향을 미친 사회적 속성들이 있는가?

방법

디자인 법칙이나 미학의 관점에서 패션 역사의 변화를 연구한다.

» **사회적 영향**　어떤 사회적 동력이 혁명을 야기했고 어떤 요소들에 반발하여 그러한 변화가 일어났는지를 연구한다.

» **영감의 확대**　변화를 선택해 이를 연구함으로써 컬렉션에 대한 일반적인 개념과 영감을 얻을 테지만, 이후에는 자신만의 영감을 개발하고 연구해야 한다. 예를 들어 아르 데코 가구에서 영감을 얻는 것처럼, 남성복 같은 여성복도 여러분의 콘셉트가 될 수 있다.

ASSIGNMENT 11

인식의 전환: 아름다운 그로테스크

디자이너는 가장 독특하고 개인적인 주제에서 아름다움과 영감을 발견한다.
이번 과제에서는 가장 매력이 없는 디자인 영감을 찾아서 가다듬어,
창의적이고 매력적인 패션으로 탈바꿈시켜볼 것이다.

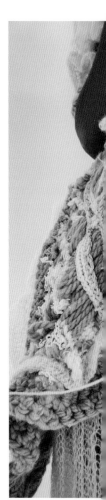

패션 디자이너로서 여러분은 항상 관객을 사로잡을 수 있는 독특한 이야기를 만들 수 있어야 한다. 패션이란, 단순한 옷 그 이상이기 때문이다. 창의력을 기르기 위해서는 영감을 가다듬어 변화시켜야 한다. 있는 그대로 보여주는 것에서 추상적이며 매우 개성이 있고 컬렉션의 서사와 더욱 연결되는 아이디어로 바꾸어야 한다.

감성적인 이야기에서 시작해, 전혀 끌리지 않고 그로테스크하여 불쾌하다고 느끼는 무언가에서 새로운 의미와 미학, 관계성을 찾아보자. 여러분은 '추한' 무언가에서 아름다운 무언가를 어떻게 끌어낼 것인가? 최종 목표는 패션 컬렉션을 위해 고른 그로테스크한 무언가에 관해 새로운 서사와 감정적인 표현을 전달하는 것이다. 이 목표를 이루기 위해 디자인 과정에서 스스로에게 다음 질문을 던져본다.

- 그로테스크의 새로운 뜻은 무엇인가?
- 나의 초기 인상은 반전되었는가?
- 그로테스크에 대한 나의 첫인상을 어떻게 수정하고 재해석했는가?
- 어떤 새로운 관계가 형성됐는가?
- 나는 어떻게 그로테스크 이야기를 재해석하여 다시 풀어냈는가?

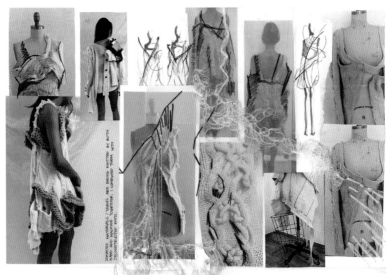

방법

» **나만의 '그로테스크'와 5개의 서사 요소 찾기**　매력적이지 않은 것으로 고른다. 아주 오랫동안 싫어했던 것으로 처음 발견했을 때를 기억한다. 특정성이 핵심이다. 예를 들어 거미를 싫어한다면 어떤 종인지, 어디서 처음 마주쳤는지, 당시 무엇을 입고 있었는지, 어느 시간대였는지, 누군가 같이 있었다면 그게 누구였는지 등 순차적으로 일어난 일을 확인한다. 이 단계의 목표는 성격, 배경, 줄거리, 갈등, 결심의 다섯 가지 서사 요소의 개요를 정하는 것이다.

» **서사를 쓰기**　400~600개 단어로 5개 서사 요소를 참고하여 그로테스크에 관한 이야기를 쓴다. 풍부하고 생동감 있는 형용사, 직유와 은유를 사용한다. 물리적이고 감정적인 경험을 모두 적는다. 이야기에서 가장 독특하고 의미 있는 단어에 줄을 긋는다. 이 단어들을 죽 나열하고 반의어를 찾는다(아주 중요한 부분이다). 이것들은 당신이 고른 그로테스크의 반대쪽을 보여주고 최종 컬렉션의 디자인 미학에 대한 길로 안내할 것이기 때문이다.

　　예를 들어 사진 속 학생의 컬렉션에서 그로테스크 요소는 인도네시아의 진흙으로 된 늪이었다. 이야기를 쓰고 주요 단어를 고른 뒤 그 반의어가 디자인 과정의 길로 이어진다.

서사의 단어	반의어
젖은/매끈한	질감 있는(직물)
뾰족한, 예리한(연꽃)	둥근, 부드러운(실루엣)
그래픽 대비(컬러)	비슷한 톤의, 뉴트럴
반사되는(물)	빛을 흡수하는(매트한 원단)
슬픈, 죽음	재탄생, 생명(업사이클링)
불편한(진흙)	안락한(니트웨어)
혼자인, 고립된	함께, 여러 개의(모티프)
(시골의 늪)	

» **조사하기**　1, 2단계를 기반으로 이미지, 글, 원단을 비롯해 영감을 주는 재료를 모으고 조사한다. 이 과정을 통해 다섯 가지 서사 요소와 그로테스크 자체를 표현해야 한다. 예를 들어 여러분이 쓴 이야기에 설명된 질감과 디자인 요소를 전달할 수 있는 것을 모으고 거기서 느끼는 감정을 시각화한다.

» **추출 과정**　조사 결과를 리뷰하고 다시 편집한다. 가장 재미있는 요소만 골라서 디자인으로 추출하기 시작한다. 이 재료를 어떻게 매력적으로 탈바꿈시켜 2D나 3D로 표현할 것인가? 그리고 어떻게 해서 그 역을 디자인해 그로테스크를 아름다움으로 변신시킬 것인가? 이 과정에서 여러분의 목표는 그로테스크에 대해 느끼는 반대 감정을 전달하는 추출물을 만드는 것이다. 여러분의 반의어가 이 단계에서 길잡이가 되어야 한다.

　　예를 들어 뱀의 거칠고 번쩍이는 검은색 비늘을 부드럽고 얌전한 패턴으로 그려서 부드러운 캐시미어 저지에 희미한 파스텔 컬러로 프린트한다. 텍스타일 프린트, 표면 장식, 원단 가공, 옷 디테일, 실루엣 등을 탐구한다.

» **옷과 룩을 디자인하기**　다량의 디자인 요소를 만든 후에는 그를 토대로 실질적인 옷과 룩을 디자인하기 시작한다. 그리고 방법을 고민한다.

- 미학적 선택에는 반의어를 전달한다.
- 디자인에서 서사의 시각적, 감정적인 측면을 다 다룬다.
- 옷의 핏과 기능성이 컬렉션의 콘셉트 의도를 뒷받침한다.
- 디자인 요소를 섞거나 합쳐서 그로테스크와 이야기의 새로운 해석을 내놓는다.

» **발표하기**　컬렉션의 최종 발표는 여러분의 서사를 보여주는 중요한 자리다. 관객은 여러분의 이야기를 어떻게 받아들이고 이해할 것인가? 발표가 진행되며 컬러, 실루엣, 텍스타일, 스타일로 이야기 서사의 요소가 증폭되는가? 컬렉션의 무대, 음악, 음향, 관객의 일반적인 경험 역시 여러분이 패션으로 전달하는 독특한 이야기를 완성시키는 재료가 되어야 한다.

새로운 콘셉트를 현실화
←↑↖

부패와 재탄생이라는 이번 컬렉션의 콘셉트를 길잡이로 삼아 스웨터의 업사이클링 과정을 보여주고 있다. 풀린 실은 새로운 스티치 디자인이 되어 기존의 옷에 장식용 자수처럼 추가되었다. 뜯어낸 패널을 수정해 새롭고 혁신적인 실루엣을 만들었다.

ASSIGNMENT 12

수업에서 하나의 영감을 사용하다

목표
- 다른 디자이너의 작업 과정을 관찰하여 컬렉션을 만드는 새로운 방식을 탐구한다.
- 영감을 어떻게 해석하는지 배운다.
- 어떻게 연구를 진행하고 편집하는지 배운다.
- 컬렉션의 상품 기획을 위한 조건을 배운다.

다른 사람의 작품에서 배우는 것은 디자이너로 성장하기 위해 필수적이다. 이 그룹 과제는 하나의 영감을 기준으로 자신만의 컬렉션을 창작하는 것이다.

컬렉션을 위한 영감은 디자이너가 주제에 접근할 때 걸림돌이 되어서는 안 되며, 자신의 독특하고 창의적인 개성을 보여주는 컬렉션을 만들 수 있도록 해야 한다. 디자이너가 본인을 가장 잘 표현할 수 있는 방식으로 원단, 컬러, 영감을 다루는 것이지 그들 요소가 디자이너에게 개성을 부여하는 것이 아니다.

7대양을 항해하다 ←↑

시대 의상을 참고로 하지 않고 모비딕에서 영감을 받아 고래잡이배의 밧줄과 돛의 형태를 사용하여 혁신적인 구조와 디테일을 갖춘 세련된 남성복 컬렉션을 구성했다.

방법

» 테마와 영감을 위한 수많은 옵션을 배정하면 참가자가 다양한 요소를 추출하고 추가로 연구를 해 자신만의 맥락을 쌓을 수 있다.

» 프로젝트가 완성되어 발표되면 각 컬렉션에서 다음 사항을 고려하고 다른 접근법을 사용해 비교해본다.

- 리서치 프레임을 어떻게 짰는가? 어떻게 콘셉트의 발전이 특정 부분의 리서치로 이어졌는가?
- 원단과 컬러를 선택할 때 어떤 결정을 했고 어떤 식으로 결정됐는가?
- 테마를 해석한 대로 컬렉션이 나왔는가? 그리고 소비자에게 효과적으로 영향을 주었는가, 아닌가? 그 이유는?
- 그룹을 전개할 때 어떤 종류의 개념적 아이디어가 사용되었는가? 테마에는 어떤 영향을 미치는가? 콘셉트와 디자인은 어떻게 연결되는가?
- 프로젝트의 소비자 타깃은 얼마나 다양한가? 특정 소비자가 테마에 더 도움이 되기도 하는가? 그렇다면 혹은 아니라면 그 이유는?
- 개인적인 테마의 해석과 가장 다른 접근 방식을 택했을 때 미래 디자인 과정에 어떻게 도움이 될 수 있을까?
- 최종 결과물은 비슷해 보이지만 전혀 다른 방식을 사용한 프로젝트가 있는가? 비슷하게 추가적인 연구를 하며 시작했지만 전혀 다른 결과물이 된 프로젝트가 있는가?
- 어떻게 일러스트레이션과 프레젠테이션 방법이 소비자를 규정하는 데 도움이 되는가?
- 어떤 시장에 적합한가? 원단 선택이 카테고리 선정에 도움이 되었는가? 구성 방법이 카테고리를 어떻게 개선시키는가?
- 영감이 컬렉션의 가격대에 영향을 줬는가? 이유는? 어떤 식으로?
- 영감에 더 밀접한 프로젝트와 몇 단계 떨어진 프로젝트를 비교한다. 그런 차이가 소비자에게 어떤 영향을 주는가?

에이하브 선장의 선원
←↑

록웰 켄트의 작품에서 컬렉션의 방향을, 모비 딕에서 영감을 얻었다. 당시의 남성복, 편안한 태도, 비율 조정을 통해 여유로운 도시 남성이 구현되었다.

ASSIGNMENT 13

액세서리

패션 디자인 업계에서 가장 크게 성장하고 있는 시장으로, 액세서리는 디자이너 컬렉션을 보완하며 충성 고객들에게 원스톱 쇼핑을 제공하는 역할을 한다. 이번 과제에서 여러분은 액세서리를 제대로 제작하는 데 필요한 모든 것을 알 수 있다.

패션에서 가장 중요한 것은 의류이지만, 액세서리도 소매 유통과 판매에 있어 그에 못지않게 중요하다. 디자인 하우스마다 액세서리 디자인 과정에 접근하는 방식은 매우 다양하다. 브랜드에 따라 액세서리를 따로 출시해서 의복 디자인의 모티프나 테마와 겉보기에 무관해 보이기도 하고, 옷의 컬러, 모티프, 원단에서 직접 영감을 받고 디자인해서 소비자와 판매 경험을 위한 전체적인 프레젠테이션을 보조하기도 한다.

목표
- 기존 액세서리 컬렉션에 익숙해진다.
- 액세서리 디자인에 대한 다양한 접근법을 탐구한다.
- 컬렉션에 적용했을 때 어떤 접근법이 가장 좋은지, 그 이유는 무엇인지 고민한다.

단계별 결과 →

디자인 개발의 단계별 과정을 이해하면 더 좋은 결정을 할 수 있다. 장신구 디자인을 하기 위해서는 스케치, 원형틀 제작, 금속 작업 기법을 익혀야 완성품을 만들 수 있다.

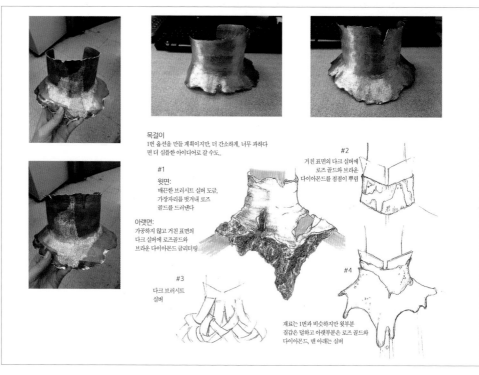

목걸이
1번 옵션을 만들 계획이지만, 더 간소하게, 너무 과하다면 더 심플한 아이디어로 갈 수도..

#1
윗면:
매끈한 브레시트 실버 도금,
가장자리를 벗겨내 로즈
골드를 드러낸다

아랫면:
가공하지 않고 거친 표면의
다크 실버에 로즈골드와
브라운 다이아몬드 글리터링

#2
거친 표면의 다크 실버에
로즈 골드와 브라운
다이아몬드를 점점이 뿌림

#3
다크 브레시트
실버

#4
재료는 1번과 비슷하지만 윗부분
질감은 덜하고 아랫부분은 로즈 골드와
다이아몬드, 맨 아래는 실버

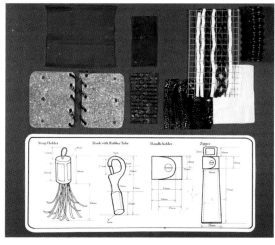
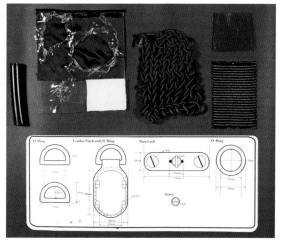

스쿠버 장비 ←↓

이 액세서리는 질감, 형태, 하드웨어가 매력이다. 액세서리를 디자인할 때는 특정 치수가 반드시 있어야 한다. 기능적인 측면과 소비자 니즈 때문이다.

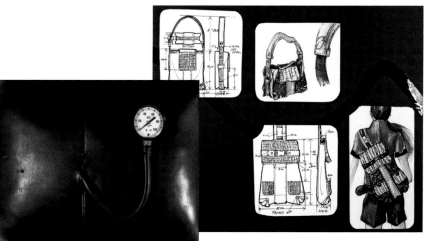

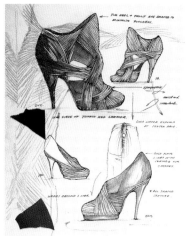
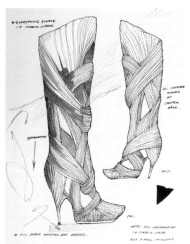
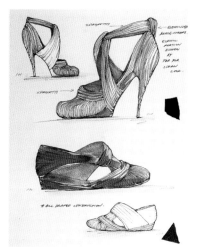

테마를 따르다 ←

액세서리 컬렉션은 모티프를 사용한다는 점에서 옷 디자인과 비슷하다. 액세서리는 크지 않기 때문에 여기서 볼 수 있듯이 비율만 조정해도 개성이 완전히 달라진다.

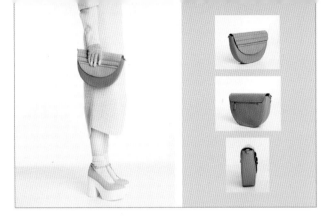

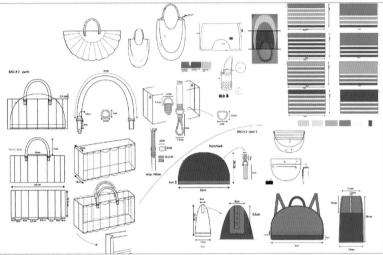

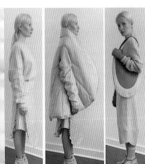

명확한 요소 ↑

액세서리 디자인에는 재료와 형태 그 이상이 있다. 하드웨어는 보석과 같고, 전체적인 디자인에서 핵심적인 역할을 한다. 이처럼 재미있는 잠금 부자재나 하드웨어 요소로 독특한 스타일의 디자인을 하는 것이 필수적이다.

방법

다음의 접근법에 따라 제시한 작업의 예를 조사하여 자신만의 사례를 찾는다.

» **메인 역할** 가죽 제품이나 패션 액세서리 디자이너 혹은 공급업체로 시작했던 브랜드는 조그만 캡슐 컬렉션으로 옷을 판매하면서 핵심 고객들에게 제시하는 상품군을 확대하는 한편 새로운 고객을 유치한다. 일반적으로 액세서리를 먼저 디자인하고 나중에 옷을 디자인하며 소비자 아이덴티티는 두 번째 방식에서 더 확고해진다.
예: 코치, 콜 한, 발리, 케이트 스페이드

» **보조 역할** 브랜드의 시그니처인 의류 디자인에 대한 포커스를 유지하기 위해 액세서리는 컬렉션의 모티프, 컬러, 원단, 콘셉트를 이용해 직접 디자인한다. 테마를 따로 잡지 않고 동일한 시각적 요소와 테마의 방향이 액세서리에 적용된다. 액세서리는 디자인이나 디테일에서 더 단순화시켜 컬렉션의 무드와 소비자 아이덴티티를 보조한다.
예: 질 샌더, 캘빈 클라인, 랄프 로렌

» **동일 비중** 과거에 소규모 가죽 제품 생산업체였으나 글로벌 패션 커뮤니티에서 인지도를 얻은 기업이 시즌 패션쇼를 통해 우상으로 급부상하는 경우, 인기 많은 액세서리만큼이나 옷도 영향력을 얻었다는 뜻이다. 이런 패션 하우스의 액세서리는 컬렉션의 아이덴티티를 보완하는 역할도 하지만 독특한 개성으로 따로 디자인되어 회사의 연간 수익 상승에 막대한 기여를 한다.
예: 루이비통, 프라다, 구찌

» **액세서리에만 집중** 옷으로 확장하지 않고 오직 액세서리에만 집중하고 싶은 디자이너들의 디자인 과정도 패션 디자인 과정과 매우 유사하다. 컬러와 원단 팔레트로 구성된 작은 캡슐 컬렉션에서 비슷한 타입의 하드웨어와 장식 디테일을 공유하고 상품의 사용 용도, 형태, 착용 시간대에 따라 상품을 기획한다.
예: 지미 추, 마놀로 블라닉, 시거슨 모리슨, 크리스티앙 루부탱

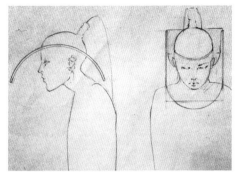

인체 공학 디자인 ↑→

액세서리는 실물 크기로 샘플을 제작해야만 수정해서 최종적인 재료를 선택하고 생산할 수 있다.
이 바이저는 최종 디자인으로 결정되기 전에 곡선, 너비, 모티프 배치까지 수정을 거쳤다.

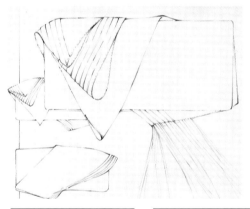

완벽한 페어링 ↑

옷의 형태와 모티프를 효과적으로 이용해 액세서리를 만들면 컬렉션에 자연스럽게 녹아들고 종합 컬렉션이 된다. 조형적인 컬렉션의 고리형 모티프가 가죽 백과 신발 디자인으로 해석되어 드라마틱한 효과를 이뤘다.

디자인 악센트 →

액세서리는 컬렉션의 서사와 무드를 강조한다. 컬렉션의 콘셉트와 영감을 더 잘 표현하고 고객 아이덴티티와 라이프 스타일을 분명히 하며 원스톱 쇼핑을 위한 상품 기획 계획을 완성한다.

CHAPTER 5

전문가의 세계

언어, 기술, 개념적 사고 등 패션 디자인에 필요한 만반의 준비가 되어 있다면 패션 디자인 전공자에서 자연스럽게 전문가의 세계로 들어설 수 있다. 디자인실 인턴으로 패션계에서 일하면서 진짜 일을 시작하기 전에 회사가 어떻게 운영되는지 배울 기회를 얻게 될 것이다. 인턴십은 수업 외에 필수적으로 경험해야 한다. 학업을 마치고 일을 시작하면서 여러분은 패션업계가 얼마나 크고 많은 기회를 제공하는지 알게 될 것이다. 평면 패턴, 입체 패턴 제작 같은 직접적인 일부터 디자인을 기초로 하는 텍스타일 디자인이나 코스튬 디자인, 패션 저널리즘이나 역사 연구같이 개념적이고 학문적인 분야를 파고드는 직종에 이르기까지 폭넓은 관심사와 재능에 맞는 다양한 직업의 세계가 있다.

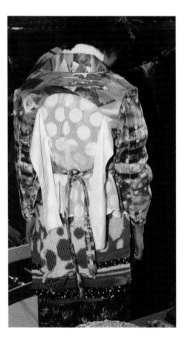

준비된 디자이너 ←

디자이너는 포화된 글로벌 패션업계에서 눈에 띌 수 있는 본인의 능력을 정확히 알아야 한다. 반드시 자신의 장점을 인지하고 작품에서 무엇이 독특하고 '새것'인지 질문하며 오늘날의 세계에 의미가 있는 무언가를 제시해야 한다. 이 독특한 직물은 디자이너가 만든 것으로 특정한 미학과 관점을 보여주도록 스타일링되어 있다.

UNIT 20
진로 탐색

패션 디자인을 공부하며 마스터한 실질적이고 개념적인 지식은 다양한 진로에 사용할 수 있다.

학생 시절에 패션과 디자인 중 어떤 분야에서 가장 흥미를 느끼고 적성에 맞다고 느끼는지를 아는 것이 좋다. 이런 신호에 민감하다면 여러분은 적성과 능력에 가장 잘 맞는 일자리를 찾을 수 있을 것이다.

콘셉트와 기술 기반

- **패션 디자이너** 제품의 종류는 무한하고 디자인 하우스의 크기도 다양하다. 세계적인 대도시에서 패션 위크가 열리면서 글로벌 시장에서 취업 기회도 늘고 있다.

- **원단 디자이너** 보통 패션 디자인 브랜드에서 일하며 컬렉션을 위한 디자인을 하거나 시즌별 컬렉션에서 특정 디자이너에게만 판매하기로 독점 계약을 한 원단 프린트 회사에서 근무하기도 한다.

- **액세서리 디자이너** 컬렉션을 보완하는 제품을 만들거나 액세서리에만 주력할 수도 있다. 디자인의 기술적이고 조형적인 측면을 좋아하거나 공학 분야에서 매우 창의적인 사람들에게 적합하다.

- **무대 의상 디자이너** 역사적인 지식이 풍부해야만 한다. 형태, 원단, 컬러, 질감을 능숙하게 다뤄야 인물이나 분위기를 표현할 수 있다. 연극이나 영화에서 인물 간의 관계를 묘사할 때 특히 그렇다.

- **패턴사/입체패턴사/샘플제작자** 디자이너의 작품에 실제로 생명을 불어넣는 일이라고 할 수 있다. 막중한 책임을 지는 분야다. 디자인할 때부터 구성에 최적화된 솔루션을 찾기 위해 협력하면서 옷을 제작할 뿐 아니라 판매의 성공과 실패를 가늠할 수 있는 최적의 기술적 피팅을 이뤄내는 것도 업무에 포함된다.

- **제작 총괄 매니저** 컬렉션의 모든 샘플을 감독하고 판매업체의 주문을 관리한다. 원단 주문에서 옷의 장식 부자재 배송 확인, 공장 방문을 통한 품질 관리하기 등 제품이 제시간에 시장에 도달하고 소비자가 기대한 품질에 맞출 수 있게 감독한다.

- **캐드 디자이너** 원단 프린트 작업을 하고 (제조 공장에 제공되는 치수를 받는) 디지털 옷 규격 제작팀을 보조하며 홍보를 위한 그래픽 디자인을 한다.

- **스타일리스트** 디자이너를 도와서 메시지를 강조하는 작업이다. 원단과 컬러 팔레트 개발을 함께하고 패션쇼 개최 업무를 맡는다.

지식과 트렌드 중점 직종

- **바이어** 트렌드의 방향, 브랜드 구매자, 판매 환경의 변동성에 대해 잘 아는 것이 중요하다. 패션 바이어는 고객이 다가올 시즌에 무엇을 원할 것인지 파악하는 직감을 필요로 한다.

- **숍 매니저** 현재 유행하는 패션과 기능적인 측면에서 패션에 대한 지식을 바탕으로 소비자에게 제품에 대해 자세히 알려줄 수 있다.

- **디자이너 쇼룸 대표** 디자이너와 단독으로 업무를 하며 브랜드 대표로 패션 바이어를 상대한다. 브랜드와 제품에 대한 지식이 필요해야 업체들의 요구를 맞출 수 있다. 판매액과 업체의 요구 사항을 분석해서 다음 시즌을 대비해 디자이너에게 피드백을 제공한다.

- **패션 홍보 담당** 언론에 노출할 수 있는 기회를 찾는다. 시즌 컬렉션 같은 행사를 통해 브랜드 평판을 유지시키는 일도 담당한다.

- **패션 저널리스트** 패션의 역사, 최신 사건, 트렌드 동향에 대해 잘 알아야 하며 분석하고 비평하는 능력을 갖추어야 한다.

- **의상 역사학자** 박물관이나 갤러리에서 큐레이션, 리서치 업무, 의복 보존을 담당한다. 학생들에게 패션 디자인의 사회적 맥락에 대해 깊이 있는 강의를 한다.

- **트렌드 예측 전문가** 세계의 문화, 경제, 사회적 상황을 연구해 미래에 어떤 변화가 생길지, 또 이것이 소비자 행동에 어떤 영향을 줄지 예측한다.

밀접하게 연관된 직업

- 패션 일러스트레이터
- 인테리어 디자이너
- 예술가
- 그래픽 디자이너

UNIT 21

효과적인 자기소개서

자기소개서는 대면 면접을 진행하기 전 회사에 제출하는 것이다. 인상에 남도록 해야 한다.

단어 선택, 구성, 시각적 호감, 깔끔함, 명확함을 통해 여러분이 일에 적합하며 그것도 매우 잘한다는 인상을 면접관에게 전달해야 한다.

자기소개서는 지원한 일자리와 관련하여 여러분의 경험과 능력을 잘 요약한 것이다. 근무 경력에서 다른 지원자와 차별화되는 경험을 강조하고 한길을 걸었다는 점을 보여주어야 한다. 자기소개서에서 책임감과 난관을 대처하는 능력을 보여줘야 하며 매년 여기저기 직장을 바꾸는 사람이 아니라는 것을 증명해야 한다. 회사는 자신의 브랜드에서 미래를 건설하고자 하는 지원자를 원하기 때문이다.

회사는 수십 장의 자기소개서를 받는다는 점을 명심해야 한다. 자기소개서를 보는데 몇 초도 안 걸리기에 페이지 디자인에서 중요한 부분을 강조하여 돋보이도록 해야 다음 단계로 나아갈 수 있다. 이 한 장의 종이가 여러분의 직업적 미래에 가지고 있는 중요성을 감안하면 훌륭한 자기소개서 작성을 위해 상당한 노력을 기울여야 한다.

자기소개서 가이드라인

자기소개서는 다양한 스타일이 있을 수 있지만 긍정적으로 보이기 위해서 엄격하게 따라야 하는 부분이 있다.

1페이지의 법칙

이전에 경력이 있거나 이력서를 여러 장 써야 하는 학계에 있지 않다면 자기소개서는 한 페이지로 만드는 것이 좋다. 예비 고용주가 빨리 읽기에도 좋고, 더 효율적이고 과감한 단어 선택이나 표현이 가능하다.

눈에 띄는 자기소개서

자기소개서의 디자인으로 자신의 정체성을 브랜드화하는 방법을 고려한다. 패션업이 가진 시각적 특성을 고려할 때 회사는 잘 디자인된 레이아웃의 자기소개서에 긍정적으로 반응할 것이다. 동시에 두 가지 이상의 폰트는 사용하지 말고 과도한 그래픽이나 디자인으로 명확도를 떨어뜨리는 일은 피하도록 한다.

핵심만 간결하게

자기소개서는 휙 보고 말기 쉽다. 하지만 레이아웃이 훌륭하다면 핵심 포인트에 눈길을 줄 수밖에 없다. 깔끔하고 통일성이 있으며 정보가 간결하여 읽기 쉽게 작성한다.

여백

검은 글씨가 빽빽한 자기소개서는 읽기 벅찰 수 있다. 흰 공백을 충분히 확보하여 눈에 편하고 읽힐 가능성을 높인다. 자기소개서가 읽기 힘들어서는 안 된다.

타임라인

자기소개의 구조는 맨 위에 가장 최근 일했던 직장을 적고 역순으로 전 직장을 나열한다. 날짜를 정렬시켜 읽는 사람이 여러분의 이력을 쉽게 훑어볼 수 있도록 한다.

제목

흔하게 쓰는 제목은 목적, 교육, 경력, 수상 경력, 특기 순이다. 자원봉사 이력을 적어도 좋다. 개인적인 관심사와 성격을 보여준다.

시제

지난 경력과 현재 직장란은 과거 시제를 사용한다. 포맷을 일정하게 유지하여 깔끔하고 읽기 편하게 작성해 쉽게 정보를 기억하게 한다.

삭제할 부분

대학 이전 수상 경력 등은 쓰지 않는다. 페이지 제목에서 '자기소개서'를 빼고 생일, 취미도 삭제한다.

오탈자 검수

오탈자, 문법 오류, 잘못 사용한 구두점, 키보드 실수가 있는 자기소개서가 갈 자리는 휴지통이다. 아무리 재능이 있더라도 부주의란 신입이 가져서는 안 되는 버릇이다.

UNIT 22
성공적인 면접을 위한 전략

충분히 준비하고 다음 몇 가지 포인트를 기억하자. 면접은 자기소개서로 표현하는 것보다 더 다채롭게 능력을 보여줄 시간이 될 수 있다.

면접을 통해 여러분이 팀원으로 일하기에 좋은 성격이며 회사에 기여할 수 있고 기존 팀에 딱 적합다는 점을 보여줄 수 있다. 포트폴리오와 디자인 저널을 발표하고 다양한 경력을 설명하며 직업적 열정을 보여준다면 면접관에게 매우 좋은 인상을 남기고 당신이 적합한 바로 그 인재라는 것을 증명할 수 있다.

성공의 비결
면접에서 좋은 인상을 남길 수 있는 몇 가지 포인트가 있다. 면접이 끝나고 나서도 계속 염두에 두면 좋다.

면접의 6가지 법칙
- 열정적인 자세를 취한다.
- 업계와 경쟁사에 대해 최신 정보를 놓치지 않는다.
- 직위보다 책임에 더 집중한다.
- 인터뷰 전에 해당 회사에 대해 연구한다.
- 어려운 일도 극복하겠다는 의지를 보여준다.
- 준비된 팀원이자 변화를 수용한다는 점을 증명한다.

숙제하기
면접관은 자신들의 제품에 대해 물을 것이다. 어떤 느낌을 받았는지, 어떤 점이 개선되면 좋을지 질문할 것이다. 따라서 먼저 상점에 방문하는 것은 필수다. 상품, 매장 레이아웃, 고객, 다루고 싶은 다른 요소를 기록한다. 빠르게 인터넷 검색으로 회사의 역사나 최근 기사에 대해 알 수도 있다.

알맞은 옷차림
면접을 갭에서 보든 랄프 로렌에서 보든, 여러분은 그들의 팀원처럼 보여야 한다. 그들의 미학에 맞는 옷차림을 하면 디자인 팀에 합류하고픈 관심을 전달할 뿐 아니라 해당 브랜드의 디자인 과정을 이해하고 잘 맞는 사람처럼 보일 것이다.

10분 먼저 도착하기
먼저 도착해 회사 분위기도 느끼고 시간을 엄수한다는 인상도 준다.

면접관에게 자신감 있게 인사하기
면접관에게 걸어가 인사하고 악수를 하며 눈을 맞춘다. 첫인상은 만나고 몇 분 안에 형성되기 때문에 친절하고 전문적이며 충분히 관심이 있다는 점을 보여주도록 한다.

보디랭귀지에 신경 쓰기
발을 바닥에 편하게 두고 꼬지 않는다. 어깨에 긴장을 풀고 면접관을 보고 웃으며 적절한 속도와 크기로 정확하게 이야기한다.

가장 많이 하는 질문
다음의 일반적인 질문에 대한 답을 준비해둔다.
- 왜 이 자리에 관심을 갖게 되었죠? 왜 이전 직장을 그만두려고 하나요?
- 일할 때 어려웠던 상황과 어떻게 해결했는지 알려주세요.
- 우리 회사에 얼마나 익숙한가요?
- 어떤 디자이너가 되고 싶고 이유는 뭔가요?
- 5년 안에 어떤 사람이 되어 있을 것 같나요?
- 일하는 스타일은 어떤가요?
- 최대 약점과 장점은 무엇인가요?
- 동료들에게 당신이 어떤 사람인지 물으면 어떻게 대답할까요?

3분 법칙
질문에 답할 때 3분 이상 말하지 않는다. 대화가 과도한 설명으로 이어지고 지루해질 수 있다. 항상 면접관이 인터뷰를 진행하도록 한다.

작품 보여주기
포트폴리오를 보여주면서 특정 그룹을 구성하는 컬러, 원단, 모티프, 과정 등에 대해 이야기한다. 면접관에게 일하는 방식, 사용했던 영감 중에 가장 끌렸던 점, 포트폴리오에는 없지만 디자이너로 성장할 수 있었던 요소에 대해 이야기한다.

질문 준비하기
예리한 질문을 함으로써 여러분은 회사에 대해 충분히 연구했고 이직을 진지하게 고민했으며 적극적인 직원이 되겠다는 점을 보여준다.

마무리
면접관에게 시간을 내주어서 감사드리고 왜 이 자리가 여러분에게 의미 있는지 표현한다. 악수하고 안내 직원에게도 감사를 전한다.

UNIT 23

포트폴리오 프레젠테이션

포트폴리오를 통해 크리에이터의 디자인 미학과 다양한 능력을 알 수 있다.

컬렉션이 어떻게 시작됐는지, 다양한 영감의 방향을 어떻게 조절하고 발전시켰는지, 컬러와 원단을 어떻게 구성했는지, 디테일을 얼마나 신경 썼는지, 컴퓨터를 잘 다루는지, 원단과 원단 디자인에 대해 얼마나 아는지, 전반적인 조직 관리 능력이 어떤지를 포트폴리오 한 권에서 잘 알 수 있다. 포트폴리오는 패션 디자인에 대한 디자이너의 다채로운 능력을 전달해야 하지만 동시에 특정 고객 아이덴티티를 가진 그룹의 디자인이 포함되어야 한다.

포트폴리오를 준비할 때는 인터뷰를 진행하는 디자이너와 연관성을 충분히 고려해야 한다. 포트폴리오에는 그들의 고객과 디자인 미학을 많이 담아야 하지만 현재 그들이 하는 작업을 개선시킨 면도 보여야 한다. 현재의 디자인팀에 필요한 '새로운 눈'을 가졌다는 이유로 디자이너로 채용되기도 한다. 몇 발 앞선 모습을 보여주면 브랜드에 창의적인 힘이 되어주리라는 확신을 줄 것이다.

샘플 스포츠웨어 포트폴리오

레이아웃이 잘된 포트폴리오는 그룹 간 이동이 자연스럽다. 다양한 시즌과 카테고리, 예술적 디렉션을 통해 다른 그룹으로 이동할 때 흥미가 배가된다. 스포츠웨어 시장을 타깃으로 한 균형 잡힌 포트폴리오를 만들기 위해서 다음 순서를 따른다.

그룹 1: 가을/겨울 테일러드 스포츠웨어/출근복

테일러드 스포츠웨어로 시작하며 포트폴리오에서 점차 여러분의 미학을 드러낸다. 컬러 관계는 심플하고 실루엣은 익숙하며 거의 수직적인 형태를 보인다. 이 컬렉션에서는 영감을 너무 과하게 해석하지 않았다.

그룹 2: 가을/겨울 스포츠웨어

더 복잡한 컬러와 질감 관계를 포함한다. 실루엣도 더 독특하고 다양해진다. 컬렉션은 테일러드 형태와 부드러운 실루엣이 섞이며 특히 디자인이 더 두드러지는 아이템 위주다.

그룹 3: 가을/겨울 데님, 스포츠웨어 혹은 니트웨어 캡슐

마지막 그룹에서는 다채로운 디자인과 독특한 개성을 선보일 수 있다. 하지만 타깃 고객에 맞춘 디자인이어야 하며 카테고리에 맞는 원단을 사용해야 한다. 다른 컬러와 원단 사용, 니트웨어와 연관된 전문 지식 등 다룰 기회가 없었던 특기를 보여줄 기회이기도 하다.

캡슐 컬렉션

시즌 중간에 있는 이 캡슐 컬렉션은 액세서리 컬렉션으로 특정 시즌이나 시즌과 무관한 액세서리 혹은 이전 그룹에 대한 액세서리를 선보인다. 다른 옵션으로는 리조트/휴가 그룹이 될 수 있다. 시즌 사이에 있는 컬렉션으로 봄/여름 컬렉션이 출시되기 전에 매장에 입고되는 제품을 디자인한다.

그룹 4: 봄/여름 테일러드 스포츠웨어/출근복

그룹 1과 비슷하게 그룹 4도 테일러드 스포츠웨어를 봄/여름으로 가는 간절기룩으로 다루며 크게 눈에 띄는 디자인은 없다. 입으면 시원한 원단과 시즌에 어울리는 컬러를 사용한다.

그룹 5: 봄/여름 스포츠웨어

주로 면을 비롯한 통기성 있는 원단과 따뜻해진 기온을 연상시키는 컬러로 구성한 이 그룹은 컬러 관계와 실루엣이 더 복잡하다. 출근복에서 주말룩으로 이어지는 제품이며 어디에나 잘 맞는 옷으로 주로 기획된다.

그룹 6: 봄/여름 이브닝웨어 혹은 하이 콘셉트

이 포트폴리오의 마지막 캡슐 컬렉션은 이브닝웨어로 감탄을 자아내거나 여러분의 창의성을 보여주는 자리다. 컬러 관계, 원단, 시즌 특수성 등 다른 고려 사항은 대개 디자이너에게 달렸다. 하지만 이 그룹은 이전 고객을 여전히 타깃으로 하고 있고 포트폴리오의 일관성과 미학 이이덴티티는 유지되어야 한다.

표지 예술 ←↙

포트폴리오의 표지는 일반적일 필요가 없다. 여러분의 미학과 창의성을 소개하는 공간으로 안쪽의 디자인 작품을 보조하는 역할을 하며 동시에 독자의 흥미를 불러일으킨다.

그래픽 추가 ↓

배경에 그래픽을 사용하면 빈 곳에 역동성이 생기며 독자의 눈도 움직인다. 성공적인 레이아웃의 예술적 디렉션은 패션 디자인보다 더 이목을 끌거나 방해하지 않으며 디자인 콘셉트를 받쳐준다.

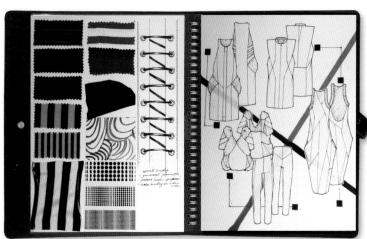

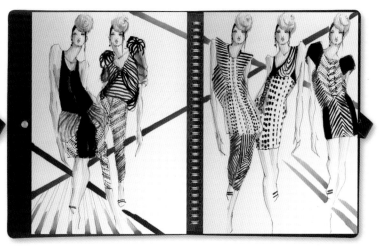

INTERVIEW 1

Z세대와 패션

죠슈아 윌리엄스

패션 사업가, 교수

그때 패션이 지금 패션이다 ↑
빈티지와 리셀 의류 시장은 Z세대 소비자들에게 선풍적인 인기를 끌고 있다. 지속 가능한 소비와 라이프 스타일을 추구하는 Z세대는 점점 늘고 있다.

1997년과 2012년 사이 출생한 Z세대는 오늘날 가장 폭넓은 세대를 아우르며 소비자로서 대략 40%의 비중을 차지하고 있다. 글로벌 시장에서의 이들 규모와 파급력을 감안했을 때 패션업계도 이들의 가치관과 신조가 패션을 대하는 태도에 영향을 준다는 사실을 이해해야 한다. 인터뷰에서 조슈아 윌리엄스는 Z세대의 특성과 패션 브랜드의 대응 방식에 대해 이야기할 것이다. 수상 경력이 있는 패션 크리에이티브 디렉터이자 마케팅 임원, 비즈니스 전략가인 윌리엄스는 앤 발레리 하쉬, 앤드류 마크, 미겔라나 등 다수의 브랜드에서 일했다. 그는 파슨스 디자인 스쿨의 조교수이며 최근에는 '리테일 혁명(Retail Revolution)'이라는 팟캐스트를 공동으로 제작했다.

Z세대의 중요 특징은 무엇인가요?

Z세대는 이전 어떤 세대보다 더 많은 정보를 얻을 수 있죠. 손가락으로 모든 게 해결된다고 할까요. 이런 대량 정보 덕분에 대부분의 Z세대는 정보를 미리 취사선택할 수 있게 되었습니다. 보통은 기존의 세계관, 믿음, 가치관에 편하게 들어맞는 편집된 정보를 접하죠. 이런 정보를 특별히 스스로 선별하지 않아도 디지털 플랫폼의 알고리즘이 대신 그 일을 합니다. 그렇다 보니 그들은 스스로 세상의 모든 정보를 접하고 안다고 생각해요.

다른 한편으로 그들은 디지털 세상에서 원격으로 연결된 다양한 집합체라고 볼 수 있습니다. 이렇게 '접속되었으나 멀리 있는' 환경 안에서 Z세대는 그들이 중히 여기는 가치인 지속 가능성, 사회 정의, 다양한 젠더 정체성 등을 이용하여, 다양한 매체와 디지털 방식으로 다른 사람과 교류하고 브랜드를 선택합니다.

Z세대는 일반적으로 패션에 대해 어떻게 생각하나요?

일반적으로 Z세대는 패션을 대할 때 젠더, 섹슈얼리티, 지속 가능성, 인권 같은 이슈를 더 먼저 생각하고 연관 짓습니다. 밀레니엄 세대에 비하면 Z세대는 특정 그룹이나 무언가에 속해있다고 생각하는 경우가 덜하고 개인의 개성을 더 중시하는 경향이 있어요.

동시에 행동과 말이 다르기도 하지요. 특히 패션에서 그렇습니다. 예를 들어 지속 가능성은 Z세대에게 있어서는 매우 중요한 이슈이지만 그들은 계속해서 패스트패션을 소비하죠. 개인의 표현이 중요하다고 강조하면서도 소셜미디어가 만들어낸, 빠르게 변하는 유행에 휩쓸리기도 하고 전통적인 명품을 사기도 하고 로고가 새겨진 브랜드를 좋아하기도 하지요. 이 모든 것은 Z세대가 패션을 통해 지위와 소속감을 갈구하는 열망을 상징하고 있다고 할 수 있어요.

이렇듯 패션에서 대비되어 보이는 것의 결합으로 리셀 시장과 빈티지 시장이 확대되고 있습니다. Z세대는 자신들의 친환경적인 가치를 보여줄 수 있는 독특한 제품을 적극적으로 찾고 있죠.

이런 특징이 패션 디자이너와 제품을 만드는 방식에 어떤 영향을 줄까요?

패션 디자인과 브랜드 개발에 Z세대가 미치는 영향은 이미 명확합니다. 특히나 이들은 리셀 시장에 매우 익숙하며 더 개인적이고 독특한 상품에 대한 관심이 크죠. 예를 들어 구찌 같은 명품 브랜드는 현재 리얼리얼(RealReal) 같은 리셀 회사와 제휴하고 있으며 영국의 명품 백화점인 셀프리지에서는 '숍 인 숍(shop-in-shop)' 기능의 디팝(Depop)을 만들어 하나뿐인 빈티지 의류를 상품군에 통합하는 추세입니다. 또한 프로퍼 클로스(Proper Cloth) 같은 브랜드는 명품 남성 이탈리아 셔츠와 액세서리를 고객의 독특한 개성에 완벽히 맞추어 제공하고 있어요. 게다가 Z세대는 온라인에서 보내는 시간이 많고 온라인 쇼핑과 VR(가상현실) 기술에 익숙하기 때문에 패션 브랜드들은 향후 어떤 제품을 팔아야 할지 고민할 수밖에 없죠.

이런 시도는 어떤 결과를 맺게 될까요? 현재 가장 유행하는 옷 트렌드 중에는 실제 옷이 아니라 디지털 필터도 있습니다. 이 필터를 통해 소비자들은 자신들의 모습을 다시 그릴 수 있습니다. 예를 들어 고양이 귀나 사자 얼굴의 모습으로요. 디지털 패션이라는 관점에서 암스테르담에 위치한 더 패브리칸트(The Fabricant)는 스스로 디지털 패션 하우스라고 부릅니다. 오직 디지털 의상(생각 쿠튀르, thought couture)만 만들고 수천 달러에 판매하죠. 언론이 주목하면서 Z세대에게 선풍적인 인기를 끌고 있습니다.

마지막으로 Z세대가 사회적 문제를 중요하게 여기고 우선순위에 두면서, 그에 부응하여 패션 회사에서 마케팅으로 이런 주제를 다루게 되었습니다. 브랜드에서는 젊은층에서 제품을 사지 않더라도 온라인에서 브랜드를 훼손하고 '캔슬'할 수 있는 힘이 있다는 사실에 대한 두려움이 있어요. 소셜 미디어는 강력한 플랫폼이 되었습니다. 자신들이 지지하는 사회적 가치에 반한다고 여기는 브랜드를 낙인 찍는 곳이죠. 에버레인과 돌체앤가바나는 가격대가 전혀 다른 브랜드지만 근무 환경 이슈와 마케팅 논란으로 불매 운동이라는 수모를 겪었습니다.

디자이너와 패션 브랜드는 Z세대를 타깃으로 어떤 비즈니스 전략을 수립할까요?

Z세대는 제품 이상의 것을 원해요. 따라서 브랜드는 제품을 통해 완전한 경험을 줄 수 있는 디자인에 초점을 두며 디지털 제품 개발을 고려하고 있습니다. 미술 시장에서 NFT(대체 불가능한 토큰)의 성공이 바로 이런 예입니다. 아마 더더욱 패션업계로 침투하겠죠. 브랜드에서는 자신들이 지지하는 가치와 명분에 대해 고찰하고 홍보해서 Z세대가 브랜드에서 추구하는 높은 투명성을 제공해야 합니다. 브랜드가 조심해야 할 점은 이런 견해로 인해 멀어져가는 소비자도 있다는 점입니다. 사업을 하면서 어쩔 수 없는 일이지요.

나이키는 Z세대 소비자들과 소통을 확대하는 브랜드의 선두 주자입니다. 나이키는 온라인에서 고객들이 다양한 컬러와 장식을 선택해 운동화를 커스터마이징할 수 있도록 했습니다. 또한 나이키는 콜린 캐퍼닉*과 콜라보레이션으로 마케팅 캠페인을 하며 도발적인 정치적 메시지를 표명했고 빈티지 디자인을 재해석해 판매했으며 한정판 제품을 개발하여 리세일 시장을 겨냥한 장기적인 전략을 세웠죠. 나이키가 젊은 소비자들에게서 진실함이라는 이미지를 투영하려고 하는 것은 놀라운 일도 아닙니다.

Z세대의 미래는 어떤 모습일까요? 패션업계와 Z세대는 함께 진화해 나갈까요?

Z세대는 세상에 대한 인식이 높고 정보를 빠르고 쉽게 습득하며 커뮤니케이션이 자유로워요. 장벽이 거의 없어요. 이들은 미래의 글로벌 경제, 정치 체제, 자연환경도 급변시킬 수 있는 잠재력이 있습니다. Z세대가 이런 힘을 사용해서 '말'뿐이 아니라 행동과 구매력으로, 직장인, 기업인, 유권자로서 세상을 적극적으로 변화시킬 수 있습니다. 그레타 툰베리가 전형적인 예죠. 하지만 이를 위해서는 더 이상 혁신하지 않는 낡은 브랜드를 없애고 더 새롭고 혁신적인 새 브랜드가 들어서서 물리적 옷과 액세서리를 넘어선 패션을 재해석하는 길이 만들어져야 합니다. 패션은 더 이상 명사가 아니라 동사가 될 것입니다.

* 미국의 풋볼 선수로 경찰의 과잉 진압으로 흑인이 사망하면서 논란이 커지던 때에 경기 시작 전 국가 제창을 거부하고 기립 대신 무릎을 꿇는 퍼포먼스를 시작한 인물이다

미래는 젠더리스 ↓
멕시코 디자이너 앙드레 히메네스는 맨캔디라는 브랜드로 젠더리스 룩을 선보인다.

INTERVIEW 2

지속 가능성과 우리의 미래

린다 그로스

지속 가능성 디자인 창시자, 교육자

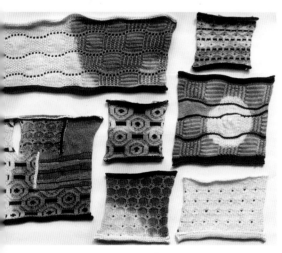

린다 그로스는 세계적인 지속 가능성 디자인, 학문, 교육 선구자다. 영국 킹스턴 대학교에서 패션 디자인 공부를 마치고 런던과 뉴욕에서 패션 트렌드 전문가, 일러스트레이터, 디자이너로 일했다. 샌프란시스코로 이주해 에스프리에서 디자이너로 근무하면서 심층 생태학을 공부했고 기업 활동에 생태학 윤리를 적용하도록 독려했다.

그로스는 에스프리의 '알고 싶다(Be Informed)' 강의 시리즈를 예로 들며 디자인에 대해 생각을 바꾸는 큰 계기가 되었다고 말했다. 그 강의에서 활동가와 학자들이 회사 직원들에게 야생 보존부터 성장의 한계 등 다양한 이슈를 알렸다. 직원 주도의 에코 감사팀에서 일하면서 그녀는 분수령을 맞았다. 회사의 영업이 미치는 영향뿐 아니라 그들 제품이 미치는 영향에 대해서도 조사를 하기 시작한 것이다. 조사는 에컬렉션(ecollection)이라는 라인의 제안으로 이어졌고 1992년 에스프리에서 론칭되었다.

그로스는 현재 프리랜서로 일하고 있다. 잘 알려진 협업으로는 지속 가능 면 프로젝트(Sustainable Cotton Project)로 캘리포니아의 농부들과 유기농 면과 클리너 코튼(Cleaner Cotton™) 브랜드 대중화에 힘썼고, 에이드 투 아티장스(Aid to Artisans)라는 캠페인으로 세계적인 장인들과 함께 상품 디자인에 참여해 전통적인 공예를 기반으로 한 소규모 기업 육성에 일조했으며, 캘리포니아 예술대학(California College of the Arts)과 젊은 작가들이 지속 가능성의 복잡성을 이해하고 현재와 미래를 나아가는 디자이너의 존재 의미를 되새길 수 있도록 힘을 보탰다.

현재 그로스는 시간에 따라 진화하는 옷에 대한 실험적인 아이디어를 연구 중이다. 그녀는 리메이크(Re/Make)*의 임원이며 패션 관련 연구자 연합(Union of Concerned Researchers in Fashion; UCRF)의 창립 이사다.

현재 패션 지속 가능성을 위해 실험하거나 도입한 혁신적인 해결책으로는 어떤 것이 있나요?

디자이너로서 우리들은 제품이 환경에 미치는 영향과 혁신에 집중하려고 합니다. 하지만 제품이란 디자이너의 생태학적 의도를 따르기도 하고 방해하기도 하는 더 큰 시스템 안에서 존재하죠. 패션 지속 가능성의 주요 목표는 패션 시스템을 통해 천연 원료 추출의 양과 속도를 줄이는 것입니다. 또한 이런 원료를 변환하고 가공해 완성품에 생기는 영향도 줄여나가고요.

그래서 제가 가장 관심 있는 비즈니스 혁신 모델은 탈성장을 실험하는 것이에요. 샌프란시스코에 있는 언스펀(UNSPUN)이란 회사가 한 예인데요, 대체 비즈니스 모델이 재고 폐기를 없애는 것이죠. 또한 새로운 제품 생산을 늦출 수 있도록 완전히 다른 형태의 평가 방식에도 관심이 있습니다. 예를 들어 트로브(Trove)는 리세일 시스템을 통해 옷이 첫 번째, 두 번째, 세 번째로 팔릴 때마다 옷의 탄소 발자국이 얼마나 줄어드는지 정보를 제공합니다. 새 제품을 개발할 때 필요한 가공 처리와 재료 추출로 환경에 미치는 영향을 줄일 수 있도록 말이죠. 언스펀은 소비자가 자신의 인체에 느끼는 감정에 관한 새로운 이론을 연구 중이에요. 옷의 핏감이 좋지 않은 이유가 인체 형태 때문이 아니라 저마다 다른 패턴이 난립해 사용되고 있다는 점을 깨달았기 때문입니다. 말하자면 실제로 옷을 입은 사람의 신체 치수보

* Re/Make. 의류업계의 지속 가능한 공정 관행을 정착시키고자 설립된 비영리 단체

패션의 진화 ↙→→

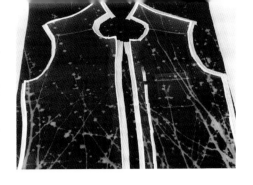

옷의 제작, 소비, 폐기로 인한 환경의 위기는 관행의 혁신으로 점점 해결책을 찾고 있다. 이 옷은 시간이 지나며 진화하게 디자인되어 있다. 표면 프린트가 점점 변하면서 더 오랫동안 유지된다. 결론적으로 옷의 수명도 연장된다.

다는 편의성에 중점을 두었던 것이죠.

고객과 산업이 필요한 것은 새로운 종류의 정보 피드백을 교환하는 것이에요. 다른 비즈니스 행동을 할 수 있도록 동기 부여를 하고 과도한 생산의 속도를 낮출 수 있도록 말이죠.

국내외 정책적 노력을 고려해볼 때 패션 관행을 개선시킬 수 있는 가장 큰 잠재력으로는 어떤 것이 있을까요?

최근에 유럽 환경국에서 웰빙 워드로브*에게 입찰제의를 했다는 소식은 참 고무적이에요. 탈성장 경제 정책 발전의 첫걸음이죠. 캘리포니아에서 의류 노동자 보호 법안인 SB-62가 통과된 것도 기념비적이죠. 경제 규모 세계 5위에 달하는 주에서 도급 일감 계약을 하고 의류 노동자에게 최저임금 이하를 지급하는 것은 더 이상 용납되어서는 안 됩니다. 이를 계기로 다른 지역에서도 그 다음 법안의 새 기준이 되었다고 봅니다.

디자이너나 소비자가 지속 가능한 패션에 대해 어떤 오해를 하나요?

오해를 많이 합니다. 부분적으로는 소비자들이 제품의 지속 가능성에 대해 활동가나 업계로부터 정보를 듣기 때문이죠. '유기농',

---

'재활용', '환경 훼손이 적은' 같은 용어가 '지속 가능성'에 대한 약칭처럼 사용되면서 용어를 사용하는 맥락이 사라져버렸어요.

예를 들어 유기농 방식은 화학 약품을 많이 사용하는 농업 시스템에서 독성을 줄이고자 할 때 변화를 위한 좋은 도구가 됩니다. 하지만 애초부터 화학 약품을 사용하지 않는 지역에서 원료를 받았다면 유기농은 그 어떤 변화도 끌어내지 못합니다. 이런 지역에서는 물 사용이나 근로 기준 같은 문제가 있을 수 있죠. 그런 경우에는 유기농 생산은 변화를 위한 적당한 도구가 아닙니다. 오히려 효율적인 관개 시스템과 공정한 임금이 이런 이슈를 적절히 다루는 해결책이죠. 소비자, 기업, 심지어 활동가들도 적절한 문제 제기부터 하지 않고 솔루션에만 몰려드는 경향이 있습니다.

지속 가능성에 대해 우리가 더 깊이 이해하고 배우고 있고, 이런 복잡성을 더 이해할 수 있기에 우리의 사고와 행동도 직면한 과제에 걸맞게 변해가고 있습니다.

패션 디자인 프로그램에서 어떤 핵심적인 행동을 취해야 졸업생들이 지속 가능하고 더 나은 업계를 만들 수 있을까요?

소비 중심의 문화에서 패션과 지속 가능성에 대한 접근법은 학생들이 제품 향상의 한계를 이해하도록 합니다.

또한 학생들에게 지속 불가능의 근본적

인 문제가 무한 성장주의라는 점을 이해시켜야 합니다. 제품의 판매량과 기업의 성장률을 수치로 표현하는 것은 지속 가능성을 향해 진짜 개선을 이루려는 노력을 막는 두 개의 큰 걸림돌입니다.

학교에서 학생들이 탈성장 콘셉트를 혁신적으로 받아들이고 탈성장 문화를 대중화하고 다른 사람을 설득하는 제안, 글, 이야기를 준비하는 것도 가르쳐야 합니다.

마지막으로 학생들이 다른 분야의 팀과 원활한 협업을 이룰 수 있게 훈련해야 합니다. 과학자, 생태학자, 인류학자, 경제학자들과 함께 문화와 생태학적 맥락에서 기초를 다져야 합니다.

지속 가능성을 위한 미래는 어떤 모습일까요?

앞으로 지속 가능성은 패션을 비롯한 모든 인간 활동의 맥락이 될 것입니다. 지구의 자연 통제안에서 사는 것이 자연의 법칙이기 때문이죠. 우리는 우리가 상상할 수 있는 그 이상을 바라보아야 합니다. 창의적인 아이디어의 고삐를 풀고 성장주의의 '답답한 통제'에서 벗어난다면 패션 부문은 활기차고 번창하며 디자이너들이 환경론자, 인류학자와 함께 다양한 방식으로 협업할 것입니다. 공동디자인, 섬유 작물 경작, 분산 3D 의복 제작, 디지털과 아날로그 패션 경험 공연 등 포스트 성장 시대를 위한 창의적인 아이디어는 끝도 없습니다.

---

* Wellbeing Wardrobe. 패션업계의 탈성장을 위한 비영리 단체

INTERVIEW 3

근로 윤리

케네스 리처드

패션 전문 미디어 《더 임프레션》
편집장·크리에이티브 디렉터

패션업계에서 아주 다양한 일을 하셨고 경력이 매우 훌륭합니다. 이전에 어떤 일을 했고 현재는 무슨 일을 하시나요?

저는 전통적인 코스를 밟지 않고 여러 가지 일을 하며 경력을 쌓았습니다. 메이시스 백화점의 바이어였고 다이앤 비의 부디자이너로 일했으며 제 이름을 딴 브랜드의 디자이너이자 대표였고 BCBG 막스 아즈리아 그룹의 최고 마케팅 책임자였습니다. 현재는 《더 임프레션》의 편집장이자 크리에이티브 디렉터로 일하고 있습니다.

다양한 경험에 비춰볼 때 지난 5년에서 7년 사이에 패션 환경은 어떻게 바뀌었나요? 미래의 디자이너는 무엇을 준비해야 할까요?

디지털이 판도를 완전히 바꾸어 버렸습니다. 디자이너들은 이제 바이어라는 '문지기' 없이도 소비자에게 직접 자신의 브랜드를 팔 수 있죠. 디자이너는 더 이상 부동산이 필요 없어요. 실제로 샘플을 만들 필요가 없거든요. 아주 적은 돈으로 가상 세계에서 만들 수 있기 때문이죠. 하지만 디지털 세상에서 주목을 받는다는 것은 쉽지 않아요. 디자이너들은 재능도 있어야 하지만 마케팅도 잘해야 하죠. 이를 대신해줄 매장이 없기 때문이에요. 디지털 시대의 마케팅이란 스토리텔링입니다. 돈이 많이 드는 사진 촬영이나 잡지에 사진을 실어야 했던 과거에 비하면 아주 적은 돈으로 할 수 있는 일이죠.

하지만 그러기 위해서는 새로운 단계의 마케팅을 꾸준히 해야 합니다. 디지털은 순식간이거든요. 자금이 넉넉한 유수의 디자인 하우스조차도 새로운 고객들과 브랜드 인지도를 쌓기 위해 고군분투 중이죠. 결국 디자이너와 브랜드의 책임자로서 끊임없이 고객의 관심을 끌고 브랜드 충성도를 쌓을 필요가 있습니다. 그러기 위해서 디자이너는 디지털 마케팅 커뮤니케이션으로 고객들과 끊임없이 관계를 발전시켜야 합니다.

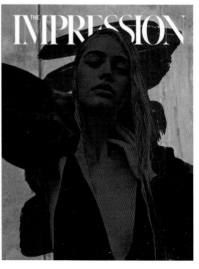

정상에 서기 ←←

리처드가 몸담고 있는 《더 임프레션》은 패션 전문가들을 위한 언론 매체다. 패션업계의 최신 정보를 제공하고 패션쇼를 분석하며 세계 유명 패션 디자이너들 및 중역과 인터뷰를 진행한다.

패션 산업에서 일을 시작하기 전 학생들은 무엇을 알아두어야 할까요?

사람들이 저에게 '슈퍼 모델'과 함께 일하는 소감을 묻는 질문이 연상되네요. 슈퍼 모델이나 일반 모델보다 더 특출나게 아름다운 것이 아닙니다. 그들이 돋보이는 것은 전문성이며 성실함, 긍정적인 성격, 호기심, 협동심이죠. 그들은 일할 준비가 되어 옵니다. 그들의 근로 윤리와 전문성은 일반 모델들보다 높다고 할 수 있죠.

이렇게 생각해보세요. 모두가 새로 시작한다고 칩시다. 모두 배우고, 질문하고, 다른 사람의 성공에 동참할 기회를 동등하게 갖는다고 말이죠. 하지만 일할 때 근면하고 타인에게 친절하지 않으면 절대로 성공할 수 없어요. 우리가 하는 모든 일은 가르칠 수 있지만 근로 윤리와 친절함은 예외지요. 재능 있는 사람들도 많고 패션 디자인 학교에서 전에 없이 많은 졸업생을 배출하지만 강력한 근로 윤리와 사람들과 어울려 일할 수 있는 재능이야말로 여러분에게 일자리를 주고 계속 성공할 수 있게 해줄 것입니다.

제가 아주 좋아하는 사례가 있는데요. 명품 디자인 브랜드의 디자인 파트에 고용된 인턴이 있었어요. 그의 꿈이었고 성공을 다짐했죠. 그는 이런 결심을 했어요. '남들이 하는 것보다 더 잘하고 항상 얼굴에 웃음을 짓자.' 바닥을 쓸면 다른 사람보다 더 잘 쓸었고 커피를 뽑으러 갈 때 쓰려고 원단 조각으로 커피 슬리브를 만들어서 아직 그 브랜드에서 쓰고 있지요! 그의 태도, 근로 윤리, 전문성은 다른 사람들보다 두드러졌고 그는 인턴에서 부디자이너로 승진했습니다. 오늘날 그는 세계적으로 유명한 비즈 디자이너입니다. 아직도 누구보다 더 잘하고 있습니다. 그 위치에 오르기까지 사람들의 도움을 받았죠. 그도 도움을 줬고 열심히 일했기 때문입니다.

오래된 격언이 있죠. 스스로의 평판은 누군가를 만났을 때 단지 몇 초안에 결정된다고요. 그 사람이 누구든지, 무슨 일을 하든지 말이죠. 이건 학교와도 관계있어요. 선생님들이 여러분을 위한 연줄이 될 수도 있어요. 여러분이 전문적이고 열심히 일하고 수업도 빠지지 않고 능력을 보여주고 눈에 띈다면요.

여러분의 동료와도 마찬가지입니다. 그들도 업계에서 여러분의 동료가 될 것이고 여러분을 도울 수 있을 거예요. 여러분을 일자리에 추천하거나 승진시킬 때 말이죠. 여러분이 학교에서 정말 멋지고 믿을 만한 학생이라는 평판이 있어야겠죠. 물론 직접적으로 회사와도 관계있습니다.

기회가 있을 때 좋은 평판을 쌓으세요. 늘 함께하기 때문이죠. 아주 간단합니다.

성공적인 디자이너와 브랜드가 되기 위해 가장 필요한 것은 무엇인가요?

지식이자 현명함이죠. 규칙을 따라야 할 때와 규칙을 어기고 의지대로 할 때를 구분지을 수 있어야 합니다. 혁신은 현상을 따라서는 나오지 않거든요.

하지만 진짜 비밀은 사랑입니다. 공예를 사랑하고, 사람을 사랑하고, 과정을 사랑하고, 고객을 사랑하고 제품을 사랑해야 하죠. 성공한 브랜드와 디자이너는 궁극적으로 타인을 도와 더 나은 삶을 살도록 해주고 싶어 합니다.

그런데 그거 아세요? 그게 일처럼 느껴지면 안 돼요. 언젠가 그런 날도 오겠죠. 하지만 이 일과 이 산업에 진심이라면 여러분이 하는 일이 바로 여러분 자신이며 매일 사랑에 빠질 겁니다.

패션업계를 좋아하는 이유는 무엇인가요?

글쎄요. 저는 이 업계를 좋아하지 않습니다. 사랑하죠. 이곳에서 일하는 사람들의 지성, 예술성, 성격 모두를 사랑합니다. 이 업계에서 일한 지 많은 시간이 흘렀지만 아직도 처음 사진, 옷, 매장과 사랑에 빠졌던 순간을 간직하고 있어요.

하지만 그 무엇보다도 끊임없이 창의력을 발휘하고자 노력하는 사람들과 그들의 생각을 알아가는 것을 사랑합니다. 내가 톰 브라운이나 릭 오웬스 같은 유명한 디자이너, 파비엔 베이런, 파스칼 댄진 같은 크리에이티브 디렉터, 사진작가 이네즈 반 람스위어드와 비누드 마타딘 혹은 닉 나이트와 인터뷰할 때 나는 그들이 가진 공통분모가 호기심이라는 것을 알게 되었어요. 그들 모두 무언가를 만들기 위해 손으로 일합니다. 하지만 대부분의 시간을 탐구하고 변화를 받아들이고 자기와 타인이 앞으로 향하도록 하는 데 씁니다. 이렇듯 개인적인 탐색의 시간들, 항상 배우고 궁금해하고 질문하며 탐구하는 여정이 핵심이에요. 여러분이 어떤 일을 얼마나 했든 상관없죠. 패션은 기능적인 예술에 대한 찬미이지만 그 무엇보다 세계를 끊임없이 탐구하고 반영하며 우리가 서로 어떻게 연결되어 있는지 이해하는 도구입니다.

아직도 배고픈 저 같은 사람이 계속 먹어야 할 밥이죠. 그리고 저는 그 밥을 사랑합니다.

INTERVIEW 4

디자인 과정

크리스틴 마이에스

랜즈 엔드 여성복 디자인 팀장

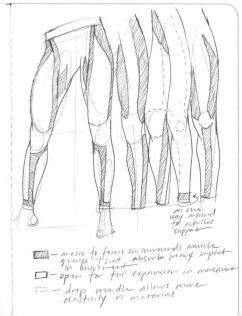

파슨스 패션 학교 졸업 후 디자이너로서의 여정에 대해 이야기해주세요. 어떤 일이 있었고 무엇을 배웠나요?

저는 빌 블라스, 톰 브라운, 랄프 로렌에서 일했고 아이조드, 조 프레쉬처럼 매력적인 가격 포인트가 있는 패스트패션 브랜드에서도 일했어요. 그 과정에서 고급스러우면서도 가성비 있는 제품을 균형 있게 제작하는 법을 배웠죠.

대형 팀의 매니저로서 제가 분명히 말할 수 있는 것은 긍정적이면서도 혁신적인 결과를 얻으려면 직원들에게 영감을 줄 수 있는 리더십을 발휘해야 한다는 거예요. 말할 차례를 그저 기다리는 것이 아니라 타인의 의견을 집중해서 받아들이는 거죠.

디자인 과정에 대해 설명해줄 수 있나요?

임원을 비롯해 제가 몇 가지 강력한 디렉션을 주는 이미지로 시작합니다. 그 이미지는 시즌의 전 컬렉션의 무드를 정합니다. 거기서부터 컬러 스토리를 전개합니다. 영감을 주는 천, 담요, 빈티지 제품, 원단 조각을 찾아요. 그런 후 다양한 콜라주의 장처럼 보이는 아이디어 보드를 벽에 만들어요.

우리의 상상력은 곧잘 옷과는 상관없이 펼쳐지고 장소, 풍경, 예술가로 이어지죠. 어떤 이미지에서 새로운 실루엣을 연상하기도 하지만 대부분은 컬러, 질감, 염색 방법, 프린트, 새로운 구성 방법 등을 통한 전체적인 무드를 전달하기 위한 것이죠. 그 콜라주는 그 시즌의 '빅 아이디어'를 알려줍니다.

우리는 카테고리별로 분류해 보드를 세우고 각 카테고리 안에 팀 차원에서 실루엣이나 형태에 대한 주요 동력이 무엇이 될지 결정합니다. 이러한 과정을 거쳐 결과적으로 우리가 컬렉션을 어떻게 스타일링할 것인지 결정됩니다.

이후 스케치가 시작되고 또 디자이너들이 각각 스케치를 제출하죠. 스케치할 때는 디자이너의 개성을 살리도록 혼자 합니다. 서로 다른 두 사람이 같을 수 없듯이 같은 종류의 옷을 만들어낼 수도 없다고 생각해요. 그래서 개인적으로 원하는 대로 창작할 수 있도록 경계를 없애는 것을 좋아합니다. 이것이 결과적으로 좋은 영감으로 이어지고요. 새로운 기법이 드러나는 스케치, 드레이핑, 도식화, 샘플 제작은 디자인 초기 단계에서 좋은 디자인을 만들기 위해 우리가 사용하는 여러 가지 방법입니다.

이제 디자이너로서 경력자이신데 돌이켜봤을 때 디자인 학교를 막 졸업한 자기 자신에게 어떤 충고를 하고 싶으신가요?

옷 만드는 일에 대해 다 알고 있다고 느끼겠지만 근처에도 못 갔다고 말해주고 싶네요. 다른 사람에게 계속 배우고 다른 사람의 의견을 열린 마음으로 받아들여야 해요. 그래야 더 멋진 디자이너로서 성장할 수 있어요. 모범이 되세요. 독단적으로 굴지 말고 마음 깊숙한 곳에서 자신에 대해 제대로 알기를 바랍니다. 특히나 여러분이 팀을 이끌거나 본인의 회사가 아닐지라도 회사를 성공시키고자 한다면 말이죠. 이 업계는 매우 좁으니 단 한 개의 다리를 불태우는 실수를 범해서는 안 돼요. 길을 비추고 싶다면 다리를 불태울 것이 아니라 진실해야 합니다.

패션업계에서 가장 마음에 드는 점은 무엇인가요?

끊임없이 변하며 예측할 수 없다는 점이요.

디자인직 지원자 인터뷰를 많이 진행하신 걸로 아는데요. 인터뷰에서 해야 할 것과 하지 말아야 할 것은 무엇인가요?

여러분이 지원하는 자리에 대한 질문에 답이 준비되어 있어야 해요. 인터뷰도 잘하고 회사와도 잘 맞는 것을 보여주세요. 고용되는 것도 중요하지만 진정한 흥미를 느낄 수 없다면 그 기회를 버리세요. 다 보이거든요.

대부분 인터뷰하는 시니어들은 디자인 과정을 더 보고 싶어 하며 최종 결과물에는 신경을 덜 쓰죠. 디자인 과정을 보면 미래의 팀원들은 여러분 머릿속을 들여다보고 어떻게 생각하고 만드는지 더 잘 이해할 수 있어요. 이런 접근법으로 상사는 역할을 수정해 여러분의 장점을 살릴 수 있는 것이죠.

무엇이 훌륭한 디자이너를 만든다고 생각하세요?

훌륭한 디자이너란 자신만의 디자인 과정에 완전히 확신이 있어요. 특정 회사의 디자인 과정이 아니라요. 어떤 회사의 디자인 과정이든 배울 수 있어요. 디자인 훈련을 받지 않고 창작 마인드가 없어도 말이죠.

여러분이 스케치, 구성, 발표(말과 시청자료)까지 훌륭히 해낼 때 한발 물러서 자신을 바라보고 스스로에게 확신을 가지세요.

역시 중요한 점인데요. 관대하고 우아하게 비판을 받아들이세요. 그리고 그 비판을 작업에 적용하면서 여러분이 상대의 의견을 존중하고 수용하는 사람이라는 것을 보여주세요.

앞으로 5~10년간 패션업계의 전망은 어떻게 생각하세요?

국내외를 막론하고 장인 생산 제품으로 회귀하게 될 것 같아요. 환경 혹은 사회적으로도 큰 대의를 돕는다는 명분이 있죠. 공급망이 점점 작아지고 지속 가능해지며 빨라질 거예요. 제품이나 기업에 끌리는 이유는 투명한 경영, 제조 과정의 스토리텔링, 누구와 협업하느냐에 달릴 거예요. 스타 디자이너라는 개념이 사라지고 있죠. 대형 패션 하우스는 현재 전략을 다시 짜고 있습니다. 무섭게 치고 올라오는 전도유망한 기업들의 속도를 따라가기 위해서 말이죠. 이 전도유망한 기업들은 간접비용을 최소화하고자 하기 때문에 전통적인 소매업체를 좋아하지 않죠. 그리고 생산과 개발도 지속 가능한 프레임 안에서 하고 있습니다.

우리가 오늘날 알고 있는 상점은 쇼룸이 될 것이고 대다수의 상거래는 온라인에서 일어날 거예요. '런웨이'는 거리가 될 것이며 소비자가 궁극적으로 제품의 완성에 영향을 줄 거예요. 아무도 우리가 만든 것을 필요로 하지 않아요. 소비자가 제품을 찾고 받는 경험을 즐기기를 바라요. 그 속에서 행복을 느꼈으면 좋겠어요.

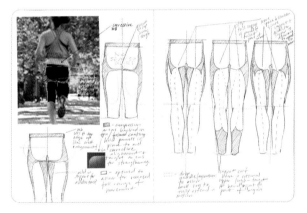

패션 생리학 ↙←↓

패션은 단순히 미학적으로 즐거워지는 옷을 만드는 그 이상의 의미를 갖는다. 운동복을 디자인할 때는 인체와 생리학에 대한 깊은 이해가 필요하며, 이를 바탕으로 특정 부위에 전략적으로 배치된 원단은 운동 중 근육의 사용을 보완하고 최적화시킨다.

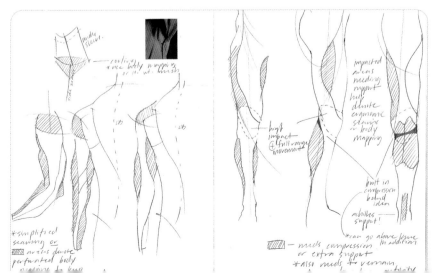

INTERVIEW 5

시장을 공부하라

수 라모로

솔로몬 페이지 매니징 디렉터

패션 리쿠르터로서 경력이 매우 훌륭하신데요. 어떻게 이 일을 하게 되셨나요?

저는 항상 패션업계에서 일하고 싶은 열망이 있었어요. 졸업한 다음 날부터 패션업계에서 일할 수 있는 그런 학교를 일부러 골랐지요. 수업을 들으면서 일을 했고 가장 적당한 인턴십을 얻기 위해 노력했어요. 저는 패션을 사랑해요. 그 속도, 넘치는 활기, 멋진 제품들 말이죠! 대학을 졸업하고도 더 배우고 싶었기 때문에 이그제큐티브 리테일 바잉 프로그램을 이수했고 부바이어로 시작해 부서장을 맡았어요. 다양한 백화점과 리테일 업계에서 일했는데요. 옷뿐 아니라 내구재도 다뤘어요. 그러면서 모든 디자인을 공부하고 진짜 머천트(merchant)가 되는 방법을 배웠지요.

　어느 날이었어요. 도매 부분 구직 인터뷰를 하러 에이전시에 갔어요. 클라이언트와 인터뷰하고 에이전시가 다시 사무실로 와달라고 하더군요. 그간의 이 업계에 대한 저의 지식, 열정, 사람들과 일하는 소질을 보고 저에게 리쿠르터 일을 제안했어요. 거의 30년 전 일인데 직업을 바꾼 것을 후회한 적이 없답니다.

　패션업계의 리쿠르터로 일하면서 유명한 '스타 디자이너'와 전도유망한 디자이너를 만나볼 기회가 있었죠. 이 멋진 예술가들이 다른 브랜드로 옮길 때나 패션위크 기간에 우먼스 웨어 데일리(WWD)나 다른 유수 언론에 등장하지요. 그들의 성공과 성취를 보면서 뿌듯함을 느낍니다. 그 자리로 가기 위해 얼마나 힘들게 일했는지 알기 때문입니다. 그분들이 나에게 팀원을 구해달라고 부탁할 때 짜릿하죠. 그들은 승진했고 업계에서 존재감이 확연하니까요.

학생과 졸업생이 마스터해야 할 핵심 기술은 무엇일까요?

일러스트레이션과 크로키 드로잉은 아주 중요하지요. 어떤 직위라도 마찬가지예요. 부사장이 스케치해보라고 할 수도 있으니 실력을 녹슬게 두지 마세요. 손으로 그리는 일러스트도 중요하지만 컴퓨터 활용 능력도 중요해요. 일러스트레이터, 포토샵, 엑셀 같은 프로그램은 기본이며 회사에서 가르쳐주지 않거든요. 또한 오늘날 시장의 지형과 트렌드 동향을 알아야 해요. 패션업계에 디자이너 브랜드만 있는 게 아니에요. 오히려 대형 백화점, 생산 유통 업체, 전문 매장 등

에서 일할 가능성이 더 많아요. 일을 배우고 경력을 쌓을 수 있는 좋은 기회죠. 런웨이만 있다고 생각하지 마세요!

어떻게 하면 성공적인 포트폴리오를 만들 수 있을까요?

여러분의 포트폴리오는 창의성과 상업성이 적절히 섞여 있어야 하죠. 그래야 회사에서 여러분이 그들의 제품이나 브랜드를 디자인할 수 있는 재목인지 판별할 수 있어요. 멋진 콘셉트, 컬러, 원단 디테일, 개성 있는 일러스트레이션, 작업지시서를 담은 포트폴리오를 통해 당신의 가능성을 보여주어야 해요. 특히 보조 디자이너는 작업지시서 담당이니 절대 잊지 마세요! 또한 수정하거나 바꾸기가 쉬워야 인터뷰나 클라이언트의 의견에 따라 빠르게 추가, 삭제, 고칠 수 있어요. 디테일도 강조되어야 채용 담당자가 여러분이 테두리 장식 같은 부자재나 소맷부리의 악센트 스티치, 안감에 대해 잘 아는 것을 볼 수 있죠. 전체적인 것뿐 아니라 세세한 점에 대해서도 아는 바를 보여주세요. 프레젠테이션 포맷은 전통적인 책이 될 수도 있고 아이패드가 될 수도 있어요. 다시

한번 말하지만 인터뷰할 때, 회사와 미팅할 때 포트폴리오는 계속 진화되어야 해요.

학생들이 패션업계에서 일하기 전 알아야 할 것들은 무엇일까요?

여기는 아주 거친 곳입니다. 졸업생 중 소수만 살아남죠. 일과 여가의 균형 있는 삶을 꿈꾸는 사람들이 일할 수 있는 곳이 아니에요. 별별 일을 다 시킬 거예요. 쇼룸과 샘플실 정리부터 라인 계획표대로 스프레드 시트에 스타일 넘버 붙이는 것도 포함이에요. 적극적으로 즐겁게 잘 해내세요. 다 배우는 과정이거든요.

모든 게 중요해요! 태도, 실제 일, 근로 윤리, 성격이 차이를 만들죠. 파트너십을 맺고 협업하고 프로젝트팀에서 어떻게 일하는지가 진짜 중요합니다. 여러분은 평판을 쌓고 있으며 그 평판은 살아 있고 업계에 일하는 한 계속 따라붙을 거예요.

오픈 마인드를 가지세요. 인터뷰하고 직장을 구하세요. 런던, 뉴욕, 밀라노 같은 유명한 패션 도시가 아니라도 말이죠. 이런 도시 말고도 훌륭한 회사가 많아요. 많은 사람들이 일을 시작하기에 부족함이 없죠. 여

러분은 언제든지 두 번째 (아니면 세 번째) 직장으로 옮길 수 있어요!

비싼 브랜드만 찾지 마세요. 중저가 브랜드나 대형할인점에도 훌륭한 멘토들이 있을 수 있어요. 필요한 것은 여러분을 훈련하고 해외 공장으로 보내고 성장하게 해줄 회사예요. 반대로 여러분도 멘토가 되어 다음 디자이너 세대를 고용하고 관리하게 될 거예요.

디자이너로 성공하기 위한 필수 요소는 무엇인가요?

어떤 브랜드의 미학에도 적응하는 것이 반드시 필요합니다. 매우 창의적이고 개념적인 사고를 하면서도 상업적인 마인드도 필요하거든요. 그래야 여러분의 작업이 수많은 잠재적 고객들에게 어필할 수 있어요. 그리고 기억하세요. 곳곳에 놀랄 일이 있는 여행을 하는 것이지 단거리 경주를 하는 게 아니에요. 재능을 갈고닦고 평판을 쌓고 이름을 날리는 데 몇 년이 걸려요. 계속 그리고 꾸준히 일하세요. 우리는 남들보다 앞서는 당신을 찾을 것이고 여러분의 작품은 인정받을 것입니다.!

A에서 Z까지 ←

패션 디자인 전문가로서 컬렉션에서 비전을 현실화시키려면 많은 과정에 개입하게 될 것이다. 스케치, 원단 개발, 드레이핑, 봉제, 디지털 활용, 패션 스타일링 등 재능을 갈고닦으면 전문 디자인실에서 일할 때 필요한 핵심 능력을 갖출 수 있다.

참고자료

소프트웨어

패션 디자인에서 소프트웨어의 활용은 사실상 무한하다. 직조 패턴, 프린트 그래픽, 생산용 기술 도식화(flat drawing)부터 프레젠테이션에 사용되는 콘셉트 보드에 이르기까지, 다양한 종류의 소프트웨어가 디자인 과정을 보다 효과적이고 효율적으로 만들어준다. 다음은 전문 디자이너들이 사용하는 대표적인 소프트웨어들이다.

어도비 포토샵(Adobe Photoshop) 픽셀 기반의 페인트 응용 프로그램으로 주로 이미지와 사진 편집, 합성 및 콜라주, 콘셉트 보드, 색상 팔레트, 일부 텍스타일 디자인, 원단 디자인의 컬러웨이, 기본 스트라이프와 체크 패턴 구성, 디지털 플랫(의류 도식화), 회화적 효과, 질감 표현 및 디지털 일러스트레이션 렌더링 등에 사용한다.

어도비 일러스트레이터(Adobe Illustrator) 벡터 기반의 객체 지향 응용 프로그램으로 주로 그래픽, 로고, 글꼴 기반 디자인, 일부 텍스타일 디자인, 일러스트레이션 스타일의 의류 도식화, 디지털 패션 일러스트레이션, 페이지 레이아웃 등을 만드는 데 사용한다.

렉트라(Lectra) 텍스타일 디자인의 컬러웨이, 반복 패턴, 일러스트레이션을 위한 텍스처 매핑, 니트웨어 디자인 등을 전문적으로 제작하는 것에 특화된 페인트 응용 프로그램이다.

어도비 인디자인(Adobe InDesign) 그래픽 디자인 자료를 제작하는 데 널리 사용되는 업계 표준의 데스크탑 퍼블리싱 소프트웨어. 패션 포트폴리오 레이아웃, 포스터, 룩북, 보도자료, 잡지 등의 다양한 작업물을 쉽게 만들 수 있다. 주된 목적은 인쇄물을 레이아웃하는 것이며, 특히 여러 페이지로 구성된 프로젝트에서 뛰어난 성능을 발휘한다.

인터넷

웹 기반 조사를 수행하면 다양한 정보를 얻을 수 있으며, 인쇄물이나 박물관 등 다른 형태의 조사를 진행하기 전에 탄탄한 기초를 마련할 수 있다. 디자이너의 런웨이 쇼, 시대 의상, 글로벌 트렌드, 박물관 유물 등을 조사하는 것부터 시작해서 다양한 웹 사이트들은 유용한 자료를 풍부하게 제공해준다.

www.vogue.com

www.vintagefashionguild.org
빈티지 패션에 관심 있는 사람들에게 풍부한 자료를 제공.

www.hintmag.com

www.wgsn.com

www.wwd.com
Women's Wear Daily (WWD)는 멤버십을 통해 전 세계 패션 산업에 대한 데일리 뉴스와 심층 보도를 제공.

www.fashion-era.com
시대 의상에 관한 자료를 제공.

www.businessoffashion.com

www.madmuseum.org
뉴욕에 있는 아트 앤 디자인 뮤지엄(The Museum of Arts and Design

www.trendtablet.com
패션 트렌드 예측 사이트.

www.fashion-incubator.com
의류 제조업체를 위한 종합적인 기술 및 정보를 제공하는 일종의 백과사전 사이트.

www.coolhunting.com
디자인, 기술, 스타일, 여행, 예술, 문화의 최신 트렌드를 다루는 수상 경력이 있는 매거진.

찾아보기

출처

스티븐 페름은 다음의 도와주신 분들께 감사를 전합니다.

Noel Palomo / 집필 및 자료 조사

Elizabeth Morano / 자료 조사

Fiona Dieffenbacher / 니트웨어 섹션

Lizzy Oppenheimer / p110~111 사진

Mike Devito / 대부분의 2D 학생 작업, 파슨스 캣워크 촬영

Sylvia Kwan / p92~98 의류 제작

Waroon Kieattisin / Pasina Busayanont 사진 촬영

Shirley Yu / Yunan Wang 사진 촬영

Yi Chao Wang / Carla Il Hye Yu 사진 촬영

Tyler Nevitt / kate Bigelow 사진 촬영

Jiyang Chen / Chelsea Li 사진 촬영

Dakyung An / Shin Young Jang 사진 촬영

Roy Schweiger / Sterling King 주얼리 사진 촬영

Jodi Jones / Sterling King 의류 사진 촬영

Kevin Warner / Tanni Xu 사진 촬영

Shutterstock

Bessie Afnaim / 55p

Quarto는 다음의 에이전시에 감사를 전합니다.

(이 책에 이미지를 제공)

Alamy Stock Photo / p34

Getty Images / pp11 중앙좌측, 17 우측, 22, 23, 45, 50, 68~69, 71, 146~147

Rex Features / pp16, 17, 18 하단좌측, 20, 21, 33 하단우측, 46 하단좌측

Shutterstock / pp32 상단좌측 & 우측, 53 좌측, 118 상단우측, 154~155

작품 사용을 허락해준 London College of Fashion 학생 여러분께도 감사를 드립니다.

그 외의 모든 이미지는 Quarto Publishing plc 소유의 저작물입니다. 저작권을 모두 기재하기 위해 노력했으나 누락이나 오류가 있을 경우 사과를 드립니다. 향후 개정판에서 이를 바로잡겠습니다.

이 책에 작품 게재를 허락해준 학생 여러분께 감사를 전합니다.

Bessie Afnaim / back cover, p55

Neha Bhatia / p26

Kate Bigelow / p54, 104

Carteris Brown / p36~37, 88, 118

Panisa Busayanont / p132~133

Hussein Chalayan / p47

Natalie Chea / p81

Ivy Chen / p124, 134

Sohee Chung / p24, 91

Brian Franklin / p99, 102

Angela Gao / p112

David Garcia / p84~85

Bora Hong / p44

Shin Young Jang / p48~49, 103, 122~123, 138

Laura Jung / p126~127, 135

Jiyup Kim / p120~121

Kyne Kim / p101, 108, 119

Lydia Kim / p27, 106, 128~129

Min Sun Kim / p27, 106, 109

Sterling King / p38, 86~87, 136, 145

Sylvia Kwan / p25, 27, 30, 33, 37, 55, 78~79, 92~98

Sara Law / p 46

Bo Bae Lee / p11, 13, 72~73, 76, 130~131

HJ Lee / p40, 50, 105

Nayeon Lee / p107

Chelsea Li / p4~5, 9, 43, 91

Chi Loh / p12

Christine Mayes / p35, 87, 90, 100

Hannah Mayhew / p124

Cullen Meyer / p42

Monica Noh / p77

Lane Odom / p70

Georgiana Ortiz / p61

Eileen Pappas / p73, 75

Annie Park / p29

Shawn Reddy / p7, 62, 88, 110~111, 145

Andrew Rogers / p60~61

Jennifer Rubin / p6~7

Christine Samar / p90

Sydney Seltzer / p30~31, 41, 139

Wen Shi / p83, 99, 107,

Jigon Son / p82~83

Johna Stone / p51, 58

Stephanie Suberville / p114~115

Brandon Sun / p102

Nanae Takata / p10, 28, 31, 35, 125, 137, 145

Nanette Thorne / p39

Yunan Wang / p1, 12, 83

Tanni Xu / p89, 140

Xiaohui Katie Xue / p116~117

Atsuko Yagi / p2~3

Stephanie Yang / p52

Clara Yoo / p59, 119, 137

Sonia Yoon / p80

Carla Il Hye Yu / p11, 29, 41

Lauren Yu / p102

Yeoyo Yun / p47, 57, 139

Naomi Jiaqi Zhao / p7